LA VIGNE EST UN GRAND ARBRE

LA VIGNE

EST UN GRAND ARBRE

SA VRAIE CULTURE

BASÉE SUR LA CHIMIE, LA PHYSIQUE & LA BOTANIQUE

PAR

VALMY BENQUET

PROPRIÉTAIRE

AGEN

IMPRIMERIE DE PROSPER NOUBEL

1873

Allons, propriétaires, étudiez ce petit livre et appliquez hardiment cette culture basée sur la science et la pratique. Vous êtes sûrs de donner à la vigne : vigueur, fécondité et longévité. Vous augmenterez et la fortune privée et la fortune publique. Vous récolterez par cette culture rationnelle 4 à 5 fois plus que par les cultures ordinaires. Vous comblerez les déficits que va amener le philloxera, et vous profiterez des hauts prix qui seront les résultats du vide qu'il va faire. Vous rendrez service et à vous-mêmes et à la France.

Tout enfant qui sort de l'école primaire, tout élève de pension ou de lycée, tous devraient avoir gravés dans la mémoire les premiers principes de chimie, de physique et de botanique, tous alors aimeraient les champs, parce qu'ils comprendraient en partie ce qu'ils verraient. Il n'est pas un homme à demi intelligent, un peu instruit, qui ose nier l'utilité de ces sciences et leur influence en agriculture et viticulture. Tout repose là-dessus. A chaque instant l'industrie, le commerce, l'agriculture leur demandent aide et secours; tout le monde est forcé d'y avoir recours.

Pour prouver la meilleure méthode de culture de la vigne, je mė suis appuyé sur les ouvrages de nos plus savants professeurs de sciences naturelles, et sur les pratiques d'hommes intelligents qui font ces applications depuis nombre d'années, chez qui les succès et les résultats heureux ont couronné le travail et l'étude.

La pratique jointe à la science peuvent ensemble faire distinguer le vrai du faux. Ce n'est donc qu'en vulgarisant les savants enseignements de ces hommes d'étude qui cherchent sans cesse la vérité dans toute chose, que l'on arrivera à lutter contre la routine et les préjugés, que l'on trouve même chez l'homme instruit, mais qui n'ayant pas étudié d'une façon particulière telle ou telle partie, répètera naïvement cette grosse erreur répandue : Si je charge trop ma vigne, je la tuerai. Et comment, la nature ayant fait la vigne grand arbre, en vous rapprochant de la nature, tuerez-vous votre vigne?

Étudiez ce petit livre; je ne dis pas : lisez-le; non, étudiez-le un peu chaque jour; quand vous l'aurez bien compris, appliquez-en les doctrines, et vous verrez vos récoltes s'accroître dans des proportions extraordinaires, votre vigne pousser plus vigoureusement. Etudiez ce petit ouvrage, mais surtout faites-le apprendre à vos enfants, et vous verrez votre fortune grandir chaque année.

Ce livre vous dira : Comment peut et doit vivre la vigne; ce qu'elle puise dans l'air et dans le sol; quels sont ses organes, la valeur de la feuille, quels sont les agents indispensables pour qu'elle puisse vivre, végéter, etc.; toutes choses que l'on doit savoir pour conduire la vigne selon sa nature, et trouver toujours des résultats heureux dans la culture de ce végétal.

Si, en propageant cette méthode, j'ai pu accroître la fortune privée et la fortune publique, je m'estimerai heureux. Ce sera surtout le petit propriétaire d'un hectare de vigne qui en ressentira les meilleurs effets. Aussi ai-je appliqué tous mes soins à mettre ce petit ouvrage à la portée de toute intelligence.

CHIMIE & PHYSIQUE.

La chimie est la partie des sciences naturelles qui a pour objet de connaître la nature intime des corps et leurs combinaisons.

L'air atmosphérique est transparent, invisible, inodore. Il forme autour de la terre une enveloppe, dont l'épaisseur est d'environ 15 à 20 lieues (60 à 80 kilomètres).

On trouve, suivant les recherches de MM. Gay-Lussac, de Humboldt et Dumas, pour la constitution de l'air atmosphérique, les proportions suivantes :

Oxygène........	20 à 21	centièmes
Azote..........	78 à 79	d°

une petite quantité de vapeur d'eau, quelques millièmes d'acide carbonique et de carbure d'hydrogène.

L'oxygène, l'azote, l'acide carbonique, l'hydrogène sont, comme l'air atmosphérique, invisibles, insaisissables.

On donne le nom de gaz aux substances qui présentent la subtilité de l'air.

L'oxygène et l'azote sont donc les deux gaz qui, par leur mélange, constituent l'air ordinaire.

Sur cinq litres d'air, il y a, à très peu près, un litre d'oxygène et quatre litres d'azote, puisque sur deux mille litres d'air, il y a tout au plus un litre de gaz acide carbonique.

La composition de l'air est la même en tout temps et en tout lieu.

Le *gaz oxygène* est la substance aérienne qui est cause de la combustion, en même temps qu'il est indispensable à l'entretien de la vie de tous les animaux et de l'homme lui-même.

Le *gaz azote* éteint les corps en combustion et est impropre à la respiration ; de là son nom (qui prive de la vie).

La chimie divise les corps en deux catégories :

1° Corps simples ou éléments.

2° Corps composés.

Un *corps simple* ou *élément* est une substance qu'on ne peut décomposer ; tels sont : le charbon, l'oxygène, l'azote, le soufre, le fer, le cuivre et tous les métaux.

Un *corps composé* est ainsi appelé, lorsqu'il est possible d'en retirer plusieurs éléments différents.

Parmi les *éléments* ou *corps simples* on cite : le gaz azote, le gaz oxygène, le gaz hydrogène, le charbon ou carbone.

Parmi les *corps composés* on peut citer : le gaz acide carbonique, qui est la combinaison de l'oxygène et du charbon.

Le *charbon*, appelé aussi *carbone*, se trouve partout : dans le bois, dans les pailles, dans les aliments de l'homme : les grains, le pain, les fruits, les légumes, et même la viande.

L'air atmosphérique est pesant. Sa pression, pour n'être pas sentie, parce qu'elle se compense en agissant en tout sens, et que la force élastique de nos organes lui est proportionnée, n'en équivaut pas moins au poids d'une colonne d'eau de dix mètres environ, et cette pression, démontrée jusqu'à l'évidence par le jeu des pompes et les phénomènes du baromètre, est une condition première de l'existence de l'homme et des animaux.

On a acquis la preuve, en s'élevant en ballons à de grandes hauteurs, et mieux encore au moyen de la machine pneumatique (machine qui sert à enlever l'air d'un vase fermé), que si cette pression venait à cesser, les vaisseaux sanguins et *ceux qui charrient dans les plantes les liquides séveux,* se distendraient aussitôt au point de se rompre.

Lorsque l'atmosphère devient trop pesante, la santé des animaux paraît en souffrir. Lorsqu'elle se conserve pendant quelque temps dans un grand état de légèreté, on a cru remarquer que la végétation se ralentit. C'est à cette circonstance qu'on a attribué en partie la moindre élévation des végétaux sur les montagnes que dans les plaines. Le poids et le ressort de l'air, sa dilatation et sa condensation dans les changements de température, paraissent être un des moyens employés par la nature pour déterminer les mouvements de la sève. Les vents sont encore une des causes les plus directes des variations du poids de l'atmosphère. Les variations de la pesanteur sont moins considérables à une petite élévation qu'à une grande; pendant la belle saison que pendant la mauvaise.

L'oxygène de l'air est donc nécessaire à la *combustion*, en même temps qu'indispensable à l'entretien de la vie de l'homme et des animaux.

Le *gaz acide carbonique* est le produit de la combinaison de l'oxygène et du carbone par la combustion.

La combustion n'a pas toujours lieu avec flamme, c'est-à-dire visible à l'œil nu. Ainsi des broussailles, du bois abandonnés au fond d'un fossé humide ; ce bois se décompose à la longue, se consume, se noircit et finit par se réduire en une poussière brune ; on dit vulgairement que le bois se pourrit.

Or, cette décomposition lente, cette pourriture, cette réduction en poussière, c'est rigoureusement une combustion qui ne diffère que par sa lenteur de celle qui a lieu dans un foyer.

Le bois qui pourrit se combine avec l'oxygène de l'air et dégage de l'acide carbonique, comme le bois qui brûle dans une cheminée. Le bois qui pourrit produit de la chaleur, comme le bois qui brûle, et en produit tout autant.

Dans un tas de fumier qui pourrit, dans un marc de vendange mis en cuve, la température s'élève beaucoup ; dans une meule de foin humide, la chaleur arrive parfois jusqu'à incendier la meule. Dans le corps de l'homme et des animaux il y a aussi une combustion produite par le carbone que contiennent les aliments, combiné avec l'oxygène aspiré par la bouche et les narines.

Ainsi donc, l'homme et les animaux expirent de l'acide carbonique ; le bois qui pourrit, le marc de raisins qui fermente, le fumier qui se consume, les végétaux qui se décomposent produisent de l'acide carbonique par la combustion *apparente* ou *invisible*. Il faut encore ajouter l'acide carbonique produit par la combustion du bois, du charbon, de la houille dont l'industrie fait une si grande consommation. Ce n'est pas tout : de nombreuses sources renferment ce gaz en dissolution, et le laissent dégager à l'air ; les volcans en vomissent, et certaines éruptions volcaniques en exhalent des quantités incommensurables. Ainsi, il arrive de toutes parts dans l'atmosphère d'immenses torrents d'acide carbonique.

Comment se fait-il que ce gaz ne rende pas à la longue l'air irrespirable ? Que devient-il ? A quoi sert-il ? A la nutrition des plantes. L'acide carbonique asphyxie l'homme et les animaux et éteint une bougie allumée ; il n'entretient donc ni la combustion ni la vie des animaux.

Tous les végétaux se nourrissent d'acide carbonique. — Ils le reçoivent par les feuilles et par les racines, mais les feuilles *seules* sont le siége de l'assimilation. Ni les racines, ni le tronc, ni les branches ne participent à cette importante fonction de l'assimilation.

Pour que cette assimilation ait lieu, il y a trois conditions nécessaires :

1° Il faut que les végétaux reçoivent l'action directe du soleil ;

2° Que la température ambiante ne descende pas au-dessous de 10 à 12 degrés au-dessus de zéro ;

3° Que les végétaux soient munis de leurs feuilles.

De quoi est formée la substance des végétaux ? D'où vient-elle ? Comment s'opère la combinaison des éléments que l'analyse chimique y fait découvrir ?

Sur ce point, la chimie est aussi nette qu'affirmative. Elle nous répond :

Tout végétal se compose de quatorze éléments, toujours les mêmes, qu'il convient de ranger dans ces deux séries parallèles :

Eléments organiques :	Eléments minéraux :
Carbone,	Phosphore.
Hydrogène,	Soufre.
Oxygène,	Chlore.
Azote.	Silicium.
	Fer.
	Manganèse ?
	Calcium.
	Magnesium.
	Sodium.
	Potassium.

Comment se peut-il qu'un nombre si borné d'éléments suffise à tant de productions dissemblables ? Parce qu'ils possèdent une faculté de combinaison infinie. Ils sont comme les lettres d'un alphabet suffisant, quoiqu'en petit nombre, à former tous les mots d'une langue.

Voici maintenant le tableau de la composition des végétaux :

Dans 100 parties :

Carbone	47 69	Ci 93,55 qui viennent de l'air et de la pluie.
Hydrogène	5 54	
Oxygène	40 32	
Soude	0 09	Ci 3,386 dont le sol est surabondamment pourvu et qu'on n'a pas besoin de lui rendre.
Magnésie	0 20	
Acide sulfurique	0 31	
Chlore	0 03	
Oxyde de fer	0 006	
Silice	2 75	
Manganèse	?	
Azote	1 60	Ci 3,00 dont le sol n'est pourvu qu'en proportion limitée et qu'il faut lui rendre par les engrais.
Acide phosphorique	0 66	
Potasse	0 45	
Chaux	0 29	
	99 93	

L'analyse chimique a constaté aussi les mêmes substances dans le fumier d'étable.

On voit que les trois gaz, oxygène, hydrogène, azote, et un corps solide, le charbon, combinés tous les quatre ensemble, fournissent, sur cent parties, 95 pour constituer toutes les substances alimentaires de l'homme, le pain, les fruits, les légumes, et même la viande.

Ces dix éléments minéraux, que nous venons de citer, participent seuls à la production des végétaux ; pour remplir leurs fonctions, ces éléments réclament impérieusement le concours d'un autre ordre de matériaux que le sol contient aussi.

Ces matériaux, au nombre de trois, savoir : l'*argile*, le *sable*, et l'*humus*, diffèrent des précédents par leur fonction purement passive. Ils servent, en effet, de support aux plantes, mais ne concourent pas par eux-mêmes au maintien de la vie végétale. L'*argile* a la propriété d'absorber et de retenir beaucoup d'eau, fonction importante, pour entretenir le degré d'humidité sans lequel la végétation deviendrait impossible. L'argile fixe aussi dans le sol les composés azotés et minéraux qui en déterminent essentiellement la fertilité.

Le *sable* par son mélange avec l'argile en atténue la compacité et lui communique le caractère d'un milieu poreux et meuble, *aussi perméable à l'air qu'à l'eau*, ce que réclame impérieusement l'exercice de la vie végétale.

L'*humus* a la propriété d'absorber beaucoup d'eau ; il est apte à fixer dans le sol l'ammoniaque, qu'il soustrait à l'entrainement des eaux pluviales, et qu'il cède plus tard à la végétation. Il devient aussi, pour le sol, la source d'une formation lente, mais non interrompue, d'acide carbonique. Mais à peine si la terre contient quelques centièmes d'humus.

Le sol contient donc trois éléments mécaniques, savoir : l'argile, le sable et l'humus ; et dix éléments minéraux. Cette partie superficielle de la terre que fouillent nos instruments de labour et où les plantes peuvent se développer, est appelée sol, terre végétale, ou terre arable.

Cette terre arable contient, comme nous l'avons vu plus haut, diverses matières minérales pulvérulentes et des matières organiques. Ces dernières proviennent de la décomposition des substances animales et végétales.

L'*eau* est un liquide sans couleur, odeur, ni saveur, composé de deux gaz : oxygène et hydrogène. Ce dernier est sans couleur comme l'oxygène, mais il peut brûler, et il n'entretient pas la combustion et la respiration. D'où vient l'eau ? De la mer.

L'immense surface de la mer, chauffée pendant le jour par la chaleur solaire, fournit à l'air sa vapeur invisible et ses nuages. Plus tard, à la suite d'un refroidissement survenu dans les hauteurs de l'atmosphère, ces nuages retombent en pluie, et chassés par le vent, ils voyagent comme d'immenses arrosoirs au-dessus de la terre, qu'ils fécondent.

A leur tour les pluies, les neiges déversées par les nuages donnent naissance aux fleuves, qui charrient sans cesse leurs eaux à la mer ; de sorte qu'il s'effectue un courant continuel qui, né de la mer retourne à la mer, après avoir traversé l'atmosphère sous forme de nuages, arrosé la terre à l'état de pluie, et parcouru les continents à l'état de fleuves.

La mer est le réservoir commun des eaux, comme l'atmosphère est le réservoir commun des gaz.

L'eau de la mer est salée, celle de la pluie ne l'est pas ; parce que l'eau, s'échappant en vapeur sous l'action de la chaleur solaire, abandonne le sel qui ne se vaporise pas.

Après l'air, l'eau est la substance la plus nécessaire tant

aux plantes qu'aux animaux. Elle fait partie du corps des animaux, le sang en renferme beaucoup. Elle fait aussi partie des végétaux, la sève en contient abondamment. Voici le principal rôle de l'eau : elle entraîne avec elle, dans la terre sur laquelle elle tombe, certaines substances autres que l'acide carbonique, et qui, comme celui-ci, existent dans l'air en petites quantités ; c'est l'eau de l'atmosphère qui, transformée en pluie, traverse la terre, délaye les substances contenues dans les engrais et les introduit par les racines dans les plantes. Quand l'eau manque aux racines, elles ne peuvent plus fonctionner, et les végétaux meurent.

Il y a dans l'eau de l'air dissous, et c'est lui que respirent les animaux aquatiques, les poissons. En effet, l'air extrait de l'eau par l'ébullition renferme 32 pour 100 d'oxygène pur, au lieu de 21 pour 100 qu'en renferme l'atmosphère. L'eau peut affecter trois états différents, suivant sa température : l'état de glace ou solide, l'état ordinaire ou liquide, et l'état gazeux lorsqu'elle est réduite en vapeur.

Le *vent* est utile, indispensable. La nécessité de l'agitation de l'atmosphère ressort manifestement. Il est indispensable que la couche d'air, dont l'acide carbonique est épuisé par les récoltes, soit remplacée par une nouvelle, et que l'humidité d'un lieu soit répartie sur toute la masse gazeuse qui lui est superposée, et rende ainsi l'atmosphère toujours homogène. Ce renouvellement de l'air enlève plus rapidement aussi les produits de l'exhalation, tout en imprimant aux branches et au feuillage une légère impulsion qui fortifie leurs fibres et est favorable à la vie. Ces vents impétueux, qui soufflent parfois, sont donc plutôt un bien qu'un fléau, puisqu'ils rendent l'air plus sain pour l'homme et plus riche en aliments pour les végétaux.

La dilatation de l'air par la chaleur solaire, sa condensation par le froid, les commotions électriques et les ébranlements qui en résultent dans l'atmosphère, peuvent servir à expliquer l'origine des vents. Il suffit, en effet, que par l'une de ces causes l'air ait été raréfié sur quelque point du globe, pour que celui qui n'a pas éprouvé le même effet se répande aussitôt de ce côté, avec d'autant plus de rapidité que la raréfaction est plus grande. Les vents agitent sans cesse et mélangent les diverses parties de l'atmosphère.

Selon les contrées qu'ils ont parcourues, ils possèdent des propriétés bien différentes. Quand ils *sont saturés d'humidité accompagnée de chaleur*, ils favorisent les progrès de la végétation. Quand, au contraire, ils ne *contiennent pas d'humidité*, leur influence est désastreuse; ils dessèchent la terre, la germination ne peut avoir lieu, les feuilles se flétrissent, les fleurs et les fruits tombent.

L'*électricité* joue un rôle dans la végétation. Les décharges de la foudre, en sillonnant les airs, purifient l'atmosphère, brûlent, détruisent les émanations malsaines qui montent de la terre ; elles remplissent en grand le rôle de ces torches de papier qu'on brûle, pour en assainir l'air, dans un appartement tenu longtemps fermé. Les décharges électriques produisent aussi des combinaisons des divers gaz que les eaux de pluie amènent dans le sol et que les plantes s'assimilent. On sait aussi que, pendant les temps orageux, la germination se fait plus facilement ; le développement des tiges est plus rapide ; la maturité des fruits plus prompte ; la vie végétale plus active dans toutes ses parties. Les orages sont donc utiles. Dieu a fait un bien de ce que l'homme considère comme chose funeste.

La *lumière* est nécessaire. Excepté pour la germination,

tous les phénomènes de la végétation exigent la lumière pour s'accomplir dans tous leurs développements. Tout rayon de chaleur qui arrive du soleil est accompagné de lumière. On peut admettre que l'intensité de la lumière est proportionnelle à l'intensité de la chaleur dans tout rayon émané du soleil. Sous l'action plus prolongée et plus intense de la lumière solaire, les produits végétaux contiennent une plus grande proportion de sucre. *L'action de la lumière est indispensable à la maturité des fruits*. Quand les feuilles sont privées de lumière pendant longtemps, elles perdent peu à peu leur couleur, elles jaunissent et partagent un état commun à toutes les parties vertes qui se trouvent dans le même cas, état connu sous le nom d'*étiolement*. Lorsque les plantes sont laissées dans l'obscurité, elles produisent des tiges longues, effilées, blanches ; on dit qu'elles s'*étiolent*.

La lumière est donc nécessaire, indispensable, puisque les végétaux se nourrissent d'acide carbonique, puisé par les *feuilles* dans l'air et par les *racines* dans le sol, et que les feuilles *seules* sont chargées de la décomposition de ce gaz, *sous l'influence de la lumière solaire*, tandis que, dans l'obscurité, cette décomposition n'a plus lieu.

La *chaleur*, comme l'humidité, exerce son influence sur la végétation de deux manières : *par son intensité* et *par sa durée*.

Chaque végétal exige, pour germer, végéter et mûrir ses fruits, certains degrés de chaleur à lui propres. C'est ce qui nous donne l'explication des plantes qui ne peuvent végéter que sous le climat torride des tropiques, et de celles qui ne peuvent vivre que dans la zone tempérée. Voilà encore l'explication de ces arrêts de la végétation pendant les intermittences de chaud et de froid à l'époque du printemps.

Voilà pourquoi encore tous les végétaux ne poussent pas à la même époque.

Chaque plante a donc son degré maximum et son degré minimum de chaleur qui lui sont indispensables pour germer, végéter et mûrir ses fruits. Il faut donc au végétal une certaine intensité et une certaine durée de chaleur.

Pour la germination du grain il faut : humidité et chaleur.

Botanique.

Dans tout végétal, il y a deux parties bien distinctes : *la partie souterraine qui est la racine* et *la partie aérienne qui est la tige.*

La racine est la partie du végétal qui se dirige vers le centre de la terre : elle ne se colore point en vert, même au contact de la lumière, comme la plupart des autres organes. Elle sert à fixer la plante au sol et à y puiser la nourriture nécessaire à son accroissement. La présence de l'oxygène lui est nécessaire, et c'est par cette raison qu'il importe de la mettre en contact plus ou moins direct avec l'air extérieur par les labours.

L'accroissement des *racines* a aussi les plus grands rapports avec celui des *tiges*. Dans certains végétaux, les racines croissent en tout sens comme les tiges et produisent également des branches. Dans la plupart des arbres on dit que la racine est rameuse, parce qu'elle est divisée en plusieurs branches.

En général, on reconnaît que les végétaux ont d'autant plus de racines que leur partie aérienne est plus développée ; que les grosses racines d'un arbre correspondent ordinairement aux plus grosses branches et réciproquement, c'est-à-dire que les racines ou partie souterraine des arbres en général se développent en proportion des branches ou partie aérienne ; que *la racine ne vit qu'en raison de la vie de la tige*. On pourrait presque dire : autant de branches, autant de racines.

Les expériences les plus précises ont prouvé que l'absorption des sucs de la terre a lieu par l'*extrémité des racines* et non par leurs surfaces latérales.

On distingue plusieurs parties dans *la racine*. Le lieu où l'on suppose qu'elle commence, ou plutôt le point où finit le canal médullaire de la tige, prend le nom de *collet*. La partie non divisée, et même les ramifications, quand elles sont grosses, constituent le *corps* de la racine. Le corps et ses divisions donnent naissance à une foule de petites fibrilles qui sont à ces divisions ce que les feuilles sont aux rameaux : ce sont les *radicelles*, dont l'ensemble se désigne ordinairement sous le nom de *chevelu*.

Elles sont, comme les racines, revêtues d'épiderme, excepté à leur extrémité qui a reçu le nom de *spongiole* (petite éponge) et par laquelle les liquides pénétrent dans la plante.

Les *spongioles sont donc les parties les plus importantes des racines*, puisque le corps de celles-ci ne puise rien dans le sol, ainsi que de nombreuses expériences l'ont démontré.

Le climat exerce une grande influence sur les racines :

Dans les *contrées froides, elles sont profondes*. Encore ne résistent-elles à la gelée que par suite de l'accumulation des feuilles et des débris qu'abrite encore, pendant l'hiver, un épais manteau de neige congelée.

Dans les *pays chauds*, les racines affleurent souvent la surface du sol, et forment des réseaux ou de longues ramifications à peine couvertes de terre.

C'est la racine qui seule peut conduire et déposer dans l'économie végétale ces matériaux inorganiques ou minéraux, si nécessaires à la végétation; c'est la racine qui puise dans le sol les produits azotés et ammoniacaux : de là l'importance du sol dans toutes les cultures.

Mais pour qu'une plante prospère, il est nécessaire que les deux *appareils* AÉRIEN *et* SOUTERRAIN, qui lui apportent la nourriture, *soient en équilibre parfait*.

Les fonctions des racines sont :

1° Fixation du végétal dans le sol.

2° Absorption, par les spongioles, des sucs nécessaires à la vie du végétal.

On nomme *tige* en botanique cette partie de l'axe végétal qui tend sans cesse à s'éloigner de la racine, et qui le plus souvent s'élève dans l'atmosphère pour y supporter les feuilles, les fleurs et les fruits. Elle se ramifie au moyen de bourgeons naissant à l'aisselle des feuilles. La tige porte ordinairement les bourgeons.

Les *bourgeons* sont l'origine des jeunes pousses de toutes les plantes. On distingue plusieurs espèces de bourgeons que l'on nomme :

1° Bourgeon à fruits.

2° Bourgeon à bois.

3° Bourgeon *mixte*, parce qu'il recèle à la fois des feuilles et des fleurs.

Les arbres à fruits à pepins (poirier, pommier), ainsi que les arbres à fruits à noyau (prunier, abricotier, pêcher, etc., etc.) ont des bourgeons à bois distincts des bourgeons à fruits.

Dans la vigne il n'en est pas ainsi, le *même bourgeon* porte le bois et le fruit.

Le bourgeon peut être : terminal, ou latéral, ou adventif.

Le bourgeon *terminal* est celui qui occupe l'extrémité de la tige ou de la branche.

Le bourgeon *latéral* est celui qui est placé sur les côtés des rameaux.

Le bourgeon, *adventif ou latent* ou *sous-bourgeon*, est celui qui, à peine visible ou même qui ne paraît pas, est ordinairement placé tout près du bourgeon principal et en-dessous; ce sont ces bourgeons *latents* qui se développent, lorsque le bourgeon principal a été endommagé. La nature a mis en réserve dans les tissus des végétaux *un nombre incalculable de ces germes* (qui sont ce qu'on nomme à l'état latent), prêts à paraître, soit par des plaies, soit par des mutilations naturelles ou artificielles, dès que leur présence devient nécessaire. Les bourgeons adventifs sont la fortune des horticulteurs-multiplicateurs. On sait que les yeux du bas des bourgeons, dans la vigne, sont très rapprochés et très petits; il y en a au moins six sur une longueur de cinq millimètres au collet ou couronne, c'est-à-dire au point qui n'est plus vieux bois et n'est pas encore sarment, au pied du sarment de l'année; quand on taille sur une trop grande longueur, c'est-à-dire à quatre ou cinq centimètres, ces petits yeux s'éteignent et ne poussent pas; mais si on taille au-dessus, ils se développent parfaitement et donnent de très belles grappes. Les jardiniers habiles de Thomery ne l'ignorent pas; ils taillent toujours les coursons à deux millimètres, c'est pourquoi ces sortes de branches ne s'allongent jamais entre leurs mains. Ceux qui ne connaissent point l'organisation de la vigne ne conçoivent point comment un courson qui donne des grappes depuis vingt ans, n'a pas encore plus de cinq centimètres de long.

Le bourgeon étant donc l'origine, le rudiment des jeunes pousses de toutes les plantes, porte donc aussi la feuille.

La *feuille* est un appendice de la tige ou du rameau, portant un ou plusieurs bourgeons à son aisselle. Bien que l'aisselle d'une feuille ne paraisse pas offrir de bourgeons, ceux-ci existent néanmoins à l'état latent (le mot *latent* veut dire *caché*); ils peuvent se développer sous certaines conditions. Ce fait est très important, il explique la taille des arbres et doit toujours diriger celui qui taille.

La feuille est verte, et est destinée à exhaler du gaz ou des vapeurs, ou à en absorber.

C'est dans le tissu de la *feuille* que la sève, absorbée par la racine, transmise par la tige, se dépouille de ses sucs aqueux et acquiert toutes ses qualités nutritives.

Les feuilles sont, de tous les organes du végétal, ceux qui concourent le plus énergiquement à la vie végétale.

Une feuille complète présente deux parties distinctes :

1° La *queue* ou *pétiole;* 2° la *lame* ou *limbe :* une ou plusieurs portions des fibres du pétiole traversent ordinairement le limbe dans toute sa longueur, ce sont les *nervures*. Ces dernières se ramifient plus ou moins, et forment un réseau dont les mailles sont remplies de tissu cellulaire vert, qui a reçu le nom de *parenchyme*.

La feuille présente deux surfaces, une *inférieure* et une *supérieure*. Ces deux surfaces sont revêtues d'un épiderme percé d'un grand nombre de pores, ouvertures microscopiques nommées *stomates*, à cause de leur ressemblance avec une bouche.

On a comparé avec justesse les feuilles d'un arbre au poumon des animaux, à cause de leurs fonctions et des innombrables *cellules* qu'elles renferment ; nous pouvons ajouter qu'elles remplissent, en outre, les fonctions d'estomac, puisqu'elles digèrent ou élaborent la sève crue qu'elles reçoivent des racines.

Les feuilles ont deux fonctions importantes à remplir. Elles servent :

1° A *exhaler le superflu de l'humidité* qui avait servi à charrier, dans l'économie végétale, les parties solides qui doivent concourir à l'accroissement des organes.

2° A nourrir la plante par l'*absorption du charbon* tenu en dissolution dans l'air.

La première de ces fonctions a reçu le nom de *transpiration aqueuse, émanation aqueuse* ou *évaporation.* Elle consiste dans l'élimination d'une certaine quantité d'eau qui s'échappe, sous la forme de vapeur, de toutes les parties du végétal qui sont exposées à l'air. C'est surtout par les stomates des feuilles que s'effectue cette exhalation.

La vapeur exhalée peut être absorbée par l'air ambiant ; mais parfois trop abondante ou condensée par le froid, cette eau forme des gouttelettes sur les feuilles. On les a longtemps attribuées à la rosée.

La plupart des feuilles horizontales et aériennes respirent et exhalent *par la surface inférieure.*

En général, le végétal perd par la transpiration *les deux tiers* de l'eau absorbée ; du reste, l'état de l'atmosphère a une influence considérable. Par un temps chaud et sec l'exhalation aqueuse devient très active ; elle se ralentit par un temps humide, et devient presque nulle dans certains cas. *La jeunesse et la vigueur du végétal augmentent l'activité de l'exhalation,* voilà pourquoi peut-être les jeunes vignes gèlent plus facilement. Plus les surfaces sont riches en stomates, plus elles exhalent de vapeur aqueuse.

La seconde de ces fonctions est plutôt une fonction de *nutrition* que de *respiration ;* mais quel que soit le nom qu'on lui donne, *les feuilles* absorbent dans l'air l'*acide carbonique* (produit de la combinaison de l'oxygène de l'air avec le carbone par la combustion) répandu, et *tant qu'elles sont exposées à l'action de la lumière solaire,* elles décomposent cet acide, s'en approprient le carbone et rendent l'oxygène à l'atmosphère. *Pendant la nuit* elles inspirent du gaz oxygène, et le rendent, en partie seulement, pendant le jour ; mais la quantité d'oxygène exhalée est bien plus grande que la quantité d'oxygène inspirée ; aussi c'est par les feuilles que les végétaux introduisent la *majeure partie du carbone* qui leur est nécessaire ; et l'oxgyène qu'elles rendent à l'atmosphère y rétablit l'équilibre constamment rompu par la respiration des animaux et par la combustion.

Pour bien comprendre la nature chimique de la *nutrition* ou *respiration* végétale, il faut avoir présente à l'esprit la composition de l'air atmosphérique :

Gaz oxygène..............	20 – 90
Gaz azote.................	79 – 06
Gaz acide carbonique.......	00 – 04
	100 – 00

La composition de l'air est la même en tout temps et en tout lieu.

Parmi les éléments contenus en proportion variable *dans l'air atmosphérique*, il en est quatre qui prédominent, et *ce sont eux* qui par leur combinaison *constituent tous les corps organisés :*

L'*acide carbonique*, formé d'oxygène et de carbone.

L'*ammoniaque*, composé d'hydrogène et d'azote.

Ce que les végétaux puisent dans le sol *par leurs racines* a certainement son importance, mais c'est évidemment *l'air* qui apporte à la nutrition des végétaux le plus fort contingent ; on en a la preuve dans ces prairies qui donnent constamment des récoltes sans engrais, dans ces champs de trèfle fauchés deux fois, ou dans ces luzernières débarrassées vingt fois de leurs tiges renaissantes, qui, au lieu de diminuer la richesse du sol, le rendent meilleur et plus productif. C'est donc dans l'air que les plantes recueillent les matériaux de leur croissance. Personne n'ignore la richesse du sol des forêts défrichées.

Ainsi donc ce sont les *feuilles* qui, *de tous les organes d'un végétal, concourent le plus énergiquement à la vie végétale*, puisque ce sont les *feuilles :*

1° Qui puisent dans l'air la plus grande partie des éléments du végétal ;

2° Qui, *seules*, sont chargées d'élaborer, de digérer, d'assimiler tous les sucs qui viennent des racines.

Il est donc facile de comprendre l'importance de la feuille, comparée aux autres organes de la plante.

On sait que *la sève est attirée par les feuilles :* donc, *plus il y a de bourgeons* sur une branche *plus il y a de feuilles,* et *plus il y a de feuilles plus il y a de sève attirée.*

Ce sont les organes foliacés ou verts, qui, comme une pompe aspirante, semblent commander presque absolument la force ascensionnelle de la sève sous l'action de la lumière, de la chaleur et de l'électricité de l'atmosphère, et ce liquide cesse à peu près de monter si l'on supprime les feuilles et toutes les parties vertes de la tige.

En résumé : les végétaux se nourrissent d'acide carbonique, *puisé par les feuilles dans l'air* et par *les racines dans le sol.* Les feuilles *seules* sont chargées de la décomposition de ce gaz, *sous l'influence des rayons du soleil.*

Le *charbon* provenant de cette décomposition contribue à la formation de la sève, qui est le sang des végétaux ; et c'est avec cette sève que se forment les différentes parties de la plante, le bois, les fleurs, les fruits et les graines.

On a de la peine à croire que c'est avec du *charbon*, substance nullement bonne à manger, que les végétaux forment leurs fruits et leurs graines, d'où nous tirons une grande partie de notre nourriture. Rien cependant n'est plus simple que de prouver *l'abondante quantité de charbon* contenue dans nos aliments. Un fruit, du pain, un morceau de viande, que l'on fait cuire trop vivement et trop longtemps, ne deviennent-ils pas un bloc de charbon ? Les diverses substances qui composaient le fruit, le pain, le morceau de viande, se sont échappées en fumée, le charbon seul est resté.

Ainsi l'azote, l'oxygène, l'hydrogène et le charbon, qui fournissent 95 parties sur 100 pour constituer le végétal, *passent de l'air aux végétaux* qui les absorbent soit par la racine, soit par les feuilles, et *des végétaux aux animaux,* et puis, par la décomposition et par la combustion reviennent à l'air et au sol.

C'est ainsi que les mêmes charbon, oxygène, azote, hydrogène, vont et viennent, se distribuant *tantôt aux plantes, tantôt aux animaux, tantôt à l'atmosphère*, réservoir commun où tous les êtres vivants puisent une partie des substances qui les composent.

On nomme *sève* un liquide aqueux, absorbé par les végétaux, et destiné à nourrir la plante.

Ce liquide est de l'eau qui a dissous différents sels, ainsi que les matières solubles qu'elle a trouvées sur son passage. Ce liquide, par conséquent, doit varier beaucoup dans sa composition, et les variations que l'on observe dans cette composition dépendent à la fois et de la nature du sol et de l'espèce du végétal.

Le liquide qui parcourt tous les tissus depuis son point de départ, de la racine jusqu'aux feuilles, change plusieurs fois de nature ; uniquement constitué dans l'origine par les sucs ou dissolutions salines que contenait la terre, il se mêle, à mesure qu'il se meut, aux liquides que renferme déjà le végétal. *Mais la plus grande modification que la sève subisse s'effectue dans les feuilles, au contact de l'air, et par les phénomènes de la respiration*. La sève a, dès lors, acquis les qualités nécessaires pour nourrir et développer les tissus ; elle est plus épaisse, mieux caractérisée, et contient de nouvelles substances destinées à des usages variés.

Avant ce perfectionnement, la sève *montait* de la racine vers les feuilles *par l'intérieur du tronc ;*

Après avoir respiré dans les feuilles, *elle descend* des feuilles vers les racines *entre l'écorce et le bois*.

On a désigné sous le nom de *sève ascendante*, le liquide

nourricier des plantes, encore *incomplètement élaboré,* qui monte de la racine aux feuilles *par l'intérieur du tronc.*

On a nommé, au contraire, *sève descendante*, ou *sève élaborée,* la sève qui s'est complétée dans les feuilles par la respiration, et qui *descend* des feuilles vers les racines *entre l'écorce et le bois.*

En hiver, le végétal est dans une inertie à peu près complète. Au printemps, la température se relève un peu; aussitôt la vie reparaît dans la plante. Ce ne sont pas encore les feuilles qui attirent la sève, puisque les bourgeons sont encore dans leurs fourrures d'hiver. Mais la température commençant à s'échauffer, les bourgeons se gonflent légèrement, et en même temps les racines commencent à absorber dans la terre de nouveaux sucs. Le mouvement du liquide séveux n'est pas encore provoqué par les feuilles, mais a lieu par endosmose ou capillarité, c'est-à-dire par propulsion et attraction capillaire, comme dans les boutures de fleurs, de vignes plantées en terre, comme encore dans les fleurs des bouquets, que l'on met tremper dans des vases pleins d'eau, qui s'y conservent et vivent pendant quelques jours.

En effet, voyez, malgré les lois de la pesanteur, la force ascensionnelle de la sève arriver à des hauteurs de 10, 20 et même 100 mètres, c'est-à-dire à la cime des plus grands arbres.

Dans les boutures de vigne plantées, comme dans les fleurs mises dans un vase plein d'eau, la feuille est absente et le liquide monte. Que sera-ce donc quand les bourgeons eront développés et les feuilles étalées ?

Sous l'action de la lumière et de la chaleur toute la nutrion du végétal se modifie suivant les conditions du climatt et de la saison. *Les feuilles* sont considérées comme *les moyens d'accroissement et d'entretien* de la vie végétale, parce qu'elles ont la puissance d'attirer la sève, de l'élaborer et de l'assimiler.

Ainsi, la *sève ascendante* ou *non élaborée* est de l'eau qui a dissous différents sels, ainsi que les matières solubles qu'elle a trouvées sur son passage en traversant le sol. Ces sucs à peine entrés par les racines dans le végétal, augmentent de densité. *Ce liquide monte par l'intérieur du tronc* jusqu'aux feuilles.

La *sève descendante* ou *élaborée*, ou *cambium*, est ce liquide qui, *élaboré par les feuilles, descend entre l'écorce et le bois* des feuilles vers les racines. C'est *cette sève descendante* qui est véritablement le *fluide nourricier* des végétaux, l'analogue du sang artériel des animaux.

Résumé.

Comment un enfant, un vigneron, un propriétaire pourront-ils bien cultiver, bien diriger, bien tailler la vigne ? En demandant secours aux trois sciences : chimie, physique et botanique.

Il est indéniable que ces trois sciences sont la base de la bonne horticulture. C'est le point d'appui inébranlable de la bonne culture, de la taille raisonnée. La pratique, qui n'est pas étayée sur la science, est bien peu de chose et conduit à bien des déceptions.

Comment expliquer, enseigner la pratique de la taille, si la science ne l'explique, ne la raisonne et ne la définit ? L'enfant n'apprendra donc qu'à donner des coups de sécateur à tort et à travers.

Que nous enseigne donc la chimie ? Quelle influence peut-elle avoir sur la culture de la vigne ?

La chimie nous fait connaître la nature intime des corps et leurs combinaisons. Elle nous enseigne comment est composé l'air, ce qu'il est indispensable de savoir : puisque l'*air*, composé d'oxygène, d'azote et d'acide carbonique, fournit aux végétaux la plus grande partie de leur substance ; que l'air et la pluie donnant 95 parties sur 100 aux végétaux, plus le végétal aura de bourgeons et par suite de feuilles, plus il se nourrira ; que plus on laissera végéter la vigne suivant que la nature l'a faite, c'est-à-dire grand arbre, plus elle aura de feuilles, plus elle absorbera d'acide carbonique (oxygène 40, carbone 48). Au lieu donc de dire : Je tuerai ma vigne si je lui laisse trop de bourgeons ; la chimie vous contraint à rejeter cette grossière erreur et vous force à dire au contraire : Si je laisse beaucoup de bourgeons, par conséquent beaucoup de feuilles, ma vigne se nourrira mieux et par suite sera plus vigoureuse, plus féconde et vivra plus longtemps, parce que les feuilles absorbent la plus grande somme de nourriture. Donc, au lieu de la tuer, je la fais mieux vivre.

La chimie nous prouve que l'air est indispensable aux végétaux, nous apprend que c'est par la combustion et la décomposition que se produit l'acide carbonique qui fournit le charbon aux végétaux. Elle nous enseigne comment le sol abandonne au végétal les matières minérales qui le composent dans la proportion de 5 parties seulement sur 100. Elle nous donne la composition du végétal et du sol. Elle nous explique les causes et les résultats des phénomènes de la fermentation. Vous voyez que la culture de la vigne a dans la chimie une base solide, et que l'on ne peut éviter de lui demander ses enseignements.

La physique, à son tour, nous fait connaître l'action de la lumière, de la chaleur, de l'électricité.

L'eau, sous forme de vapeurs qui montent de la terre, nous donne les nuages, qui, sous l'influence d'un refroidissement dans les hauteurs de l'atmosphère, retombent en pluie sur la terre. Elle apporte au végétal : les substances qu'elle a trouvées dans l'air, les matières minérales qu'elle a délayées en traversant le sol, et l'humidité qui lui est indispensable.

Elle nous apprend que la lumière et la chaleur sont indispensables à la végétation et à la fructification ; que l'électricité produit elle-même certains effets. Sans la lumière comment les feuilles décomposeraient-elles l'acide carbonique ? Comment les fruits feraient-ils leur sucre sans la chaleur ? Évidemmment la physique prouve surabondamment combien il est utile de la connaître pour faire une bonne culture de la vigne, puisqu'elle nous enseigne à mettre les raisins en espalier et les feuilles bien étalées à la chaleur et à la lumière. La connaissance de la physique trouve donc d'une façon irréfutable son application à la culture de la vigne.

La botanique nous apprend à connaître les organes de la vigne. Elle nous dit : que la racine sert à fixer la vigne au sol et à lui fournir les aliments minéraux et azotés que le sol seul possède ; mais que la racine ne vit qu'en proportion de la vie de la tige ; que la tige porte les bourgeons et les feuilles ; que les feuilles *seules* sont chargées d'élaborer les sucs qui viennent soit des racines, soit des feuilles ; que les feuilles sont les organes principaux ; que ce sont elles qui concourent le plus énergiquement à la vie végétale ; quelles sont les espèces de bourgeons qui produisent le bois ou les fleurs. Qui donc osera nier l'influence des connaissances botaniques dans la culture de la vigne ?

On voit donc que ces trois sciences prouvent d'une façon indiscutable que plus on laisse de bourgeons sur un pied de vigne, à qui on a laissé un grand espace dessus et dessous le sol, plus il peut absorber d'aliments, plus il peut produire et vivre facilement; que c'est donc une grossière erreur de répéter à satiété : Si je charge trop ma vigne, je la tuerai; que c'est l'ignorance absolue des trois sciences qui fait cultiver la vigne au rebours de ce que veut la nature.

LA VIGNE EST UN GRAND ARBRE.

La vigne originaire des pays chauds de l'Asie, ainsi que la plupart de nos meillenrs arbres fruitiers, a vu ses produits, comme les leurs, se modifier d'une manière avantageuse par un climat différent et une culture appropriée. Les climats tempérés, et particulièrement notre belle France, sont les plus favorables à la production des bons vins.

Malgré qu'elle vienne des pays chauds de l'Asie, nous la voyons, dans soixante-dix-sept départements variant de latitude, cultivée en treille ou cordon, c'est-à-dire comme grand arbre, depuis des siècles.

La vigne est un *arbuste grimpant*, qui, par sa grande arborescence, par ses rameaux immenses, atteint les proportions colossales des grands arbres.

Exemples :

1° Les treilles qui garnissent les façades des maisons.

2° Les treillons, en plein champ, des départements de la Savoie, de l'Ain, de l'Isère.

3° Les treilles sur arbres, morts ou vivants, des Alpes et des Pyrénées, plantées à 4 et 6 mètres au carré.

4° Les vignes en chaintres de Chissay (Loir-et-Cher), méthode Lusseaudau, de 6 à 12 mètres, rampant sur le sol.

5° Les cordons, depuis 3 jusqu'à 70 mètres, des chasselas de Thomery (près Fontainebleau).

6° Les cordons Cazenave, de La Réole (Gironde).

7° La treille gigantesque d'Hampton-Court, près de Londres, couvrant 100 mètres carrés.

8° Le pied de vigne phénoménal de Santa-Barbara (en Californie), couvrant une surface de 4,000 pieds carrés, âgé de 45 à 50 ans et produisant 12,000 livres de raisins.

La vigne est donc *un grand arbre,* c'est chose indiscutable, indéniable.

Pourquoi donc en faire un infiniment petit arbrisseau? Pourquoi le contraindre à vivre contre nature, le taillader, le charcuter, le décapiter? Aussi ne doit-on pas s'étonner de ces nombreuses et réitérées déceptions qui arrivent chaque année au vigneron. D'un des plus grands arbres, il en fait un des plus petits arbrisseaux, presque microscopique.

Qu'est-ce donc qui a trompé l'homme? La cupidité. Il a cru que plantant beaucoup de pieds de vigne dans un hectare, il aurait plus de produits.

L'expérience et la pratique nous prouvent chaque année notre erreur.

La vigne n'est pas un arbre nain, elle nous prouve par sa robusticité, par sa viguenr, par son arborescence, qu'elle est un grand arbre.

Voyez la sortir timidement de terre, s'approcher, comme une sournoise, de ce grand chêne. Mais sitôt qu'elle a pu le toucher, elle lui dit : Tant que j'étais arbrisseau, tu te riais de moi, tu voulais m'étouffer, mais aujourd'hui que l'homme a oublié d'abattre sa sottise sur moi en me décapitant, je vais te prouver que je suis de la race des grands arbres comme toi ; je vais m'enrouler autour de ton corps, je t'étreindrai dans mes anneaux, je m'accrocherai à tes branches, j'y arrêterai même la sève en les serrant avec mes mains, et bientôt tu seras mon esclave ; puis je grimperai jusqu'à ta cime ; là, je formerai une couronne, avec des guirlandes qui retomberont le long de ton corps, et ce sera moi, le géant, qui te couvrirai de mon ombre.

A chaque pas, nous avons ce spectacle sous nos yeux, mais on ne sait pas voir.

On ne sait pas voir, puisque chaque jour on entend dire, répéter à satiété : *Je ne veux pas trop charger ma vigne, parce que je la tuerais ; elle produirait des raisins plus nombreux, c'est vrai, mais plus petits, et qui ne mûriraient pas.*

Voilà des erreurs tellement répandues, des préjugés tellement enracinés, que vous entendez le propriétaire instruit comme le vigneron ignorant le dire et le redire sans cesse.

Pourquoi donc ces erreurs et ces préjugés se répètent-ils et se transmettent-ils de génération en génération ? Parce qu'on ne veut pas étudier un peu de chimie, de physique et de botanique, parce qu'on ignore complètement la physiologie de la vigne, la manière dont elle vit, quels sont ses organes principaux, qu'on ignore complètement le véritable rôle du bourgeon et de la feuille, de la feuille, le principal organe d'un végétal ; aussi commet-on cet acte de barbarie que l'on nomme l'effeuillage.

Veut-on nier ce mot ? Mais que l'on regarde donc les pommiers et les pruniers après le passage de la chenille. Si le second bourgeon est mangé, l'arbre est mort à l'automne. Voilà donc la valeur de la feuille toute prouvée. En effet, la *feuille seule* étant chargée de l'*assimilation* des sucs venant soit des racines, soit des feuilles, si la *feuille* est dévorée *par les chenilles*, ou enlevée *par la main de l'homme*, comment la *sève* sera-t-elle *élaborée* et *assimilée* ?

L'homme, pour utiliser les végétaux, modifie la nature; la nature tend constamment à reprendre ses droits, à diriger la végétation, non pas vers la satisfaction des goûts et des besoins de l'homme, mais vers la conservation des individus et la perpétuité des races. Les végétaux appropriés à nos usages, les arbres fruitiers surtout, ne peuvent donc pas être abandonnés à eux-mêmes; de là, la nécessité de tailler et de conduire les arbres fruitiers. Mais tailler et conduire la vigne ne veut pas dire la mutiler, la décapiter, et lui laisser un œil pour pleurer sa misère et sa stérilité. Les principes de la taille, appropriée à chaque espèce d'arbres fruitiers, reposent sur le mode de végétation qui lui est propre.

La taille et la conduite, propres à chaque espèce d'arbre fruitier, ne peuvent avoir qu'*une seule base rationelle : l'étude de son mode particulier de végétation.*

La vigne, comme tout arbre, doit être conduite suivant *son mode naturel* de végéter.

Si on n'agit pas ainsi, c'est que l'on part *d'un principe faux,* par suite on *raisonne faux,* et enfin le *but est faux où nul.*

Le *principe faux* est que la vigne est un arbre nain;

Le *raisonnement faux* est que, la vigne étant un arbre nain, on l'a taillée comme un arbre nain, et on a un produit nain.

Tandis que le *principe vrai,* le *raisonnement vrai,* et le *but vrai* sont que :

1° La vigne est un grand arbre;

2° La vigne, étant un grand arbre, doit être taillée comme un grand arbre;

3° La vigne étant un grand arbre, étant taillée comme un grand arbre, donnera les produits d'un grand arbre.

Quand le propriétaire et le vigneron se répèteront cela toutes les fois qu'ils auront le sécateur à la main, ils verront leurs produits s'accroître, leur vigne prospérer, et vivre des siècles avec la même vigueur et la même fécondité, et un enfant de quinze ans saura tailler. Comment, parce qu'un arbre, par son essence, par sa nature, est un grand arbre, qu'il donnera les grands produits du grand arbre, on voudra prouver que ses fruits nombreux ne mûriront pas et ne seront pas d'aussi bonne qualité que ceux d'un arbre à moyenne ou petite arborescence? Mais c'est absurde.

Chaque arbre, suivant sa nature, son espèce, sa taille, produira ses fruits nombreux et savoureux, suivant que le temps sera propice ou non, suivant que la lumière et la chaleur les auront frappés.

Voudra-t-on parler de la hauteur de l'arbre pour la maturation des fruits? Mais le grand abricotier, le grand cerisier, le grand pêcher, la grande treille, tous mûrissent leurs fruits.

Le tout est d'attendre l'*époque véritable* de la maturité.

On ne peut certainement pas nier la réflexion de la chaleur par le sol, mais elle n'est pas indispensable. On a tous les jours l'exemple des *divers fruits* mûrissant à *diverses hauteurs* sur les arbres de *diverses grandeurs*, suivant l'âge et l'espèce. Puisqu'il faut tailler pour avoir des fruits, taillons, mais taillons modérément. Il faut, comme le jardinier habile, élaguer les branches inutiles, mais non pas émonder, décapiter la vigne. Rapprochons-nous de la nature le plus que nous pourrons, en lui laissant le plus grand nombre de bourgeons; voilà le seul moyen de lui donner longévité et fécondité, et de nous procurer de grands produits.

Préparation de la Terre destinée à être plantée en Vigne.

La qualité du sol influe-t-elle sur la végétation ? Oui ; mais il n'en est pas moins vrai que la vigne laissée en liberté reste un grand arbre, même sur le sol maigre. Nous la voyons dans les haies, au pied des rochers, couvrir de grands espaces.

Avant de planter, doit-on défoncer tout le sol ? Doit-on faire des fosses ? Doit-on seulement faire des trous ?

C'est une faute de défoncer tout le sol. On ne doit pas remuer toute la terre jusqu'à une profondeur de 50 et 60 centimètres. C'est une très grande erreur de croire que l'on fait bien.

Quand vous avez planté vos boutures après un défoncement général, votre vigne, *pendant une dizaine d'années,* a une telle exubérance de végétation qu'elle forme un vrai taillis aérien et souterrain ; elle ne vous produit presque que du bois. Si vous regardiez sous le sol, vous verriez les racines se croiser et s'entrecroiser, pour chercher la nourriture du végétal. Au-dessus du sol, vous pouvez voir cette végétation vagabonde qui est le miroir de la folle végétation souterraine.

L'égoïsme existe chez le végétal comme chez l'animal. Chacun veut vivre et bien vivre aux dépens de son voisin. La racine, n'ayant trouvé que de la terre meuble, a marché vite et est venue disputer à sa voisine la part de sol que le propriétaire croyait, d'après ses calculs, lui avoir donnée. Les racines étant arrivées à se croiser, tout d'un coup cette luxuriante végétation s'arrête. Voilà désormais ce cep qui va avoir deux ennemis à combattre : l'homme et le cep voisin.

L'*homme* qui, armé de son sécateur, va lui enlever la plus grande partie des bourgeons qui permettaient à la vigne, par les feuilles, de puiser dans l'air la majeure partie de sa nourriture; le *cep voisin* va lui disputer sous le sol la faible partie d'aliments que la nature lui a commandé d'y prendre. La voilà donc sujette à toute espèce de tribulations : dessus, la sottise de l'homme; dessous, l'égoïsme de son voisin.

Doit-on faire des fossés pour planter la vigne? Non, la faute est encore plus grande. Si vous faites un fossé, comme pour le défoncement général, les racines parcourront avec rapidité la terre, et plus promptement parce que la terre meuble *a moins de largeur*, et arriveront avec plus de vitesse au pied voisin. Les racines se croiseront vite et cette resplendissante végétation s'arrêtera aussitôt.

La meilleure méthode est de faire des *trous* d'un *pied cubique :*

1 pied en profondeur;
1 pied en longueur;
1 pied en largeur.

Tous les arbres à fruits ou d'agrément sont plantés dans des trous, qu'ils soient grand arbre ou arbrisseau. Quand on plante, au pied d'un mur, une bouture de vigne pour la mettre en treille, on fait simplement un trou. Quand c'est dans la rue du village, défonce-t-on la rue? Non, parce que l'autorité locale s'y opposerait. On fait donc simplement un trou en déplaçant un pavé de la rue. Voyez cependant quels rameaux immenses produit cette treille.

dont les racines courent sous le sol battu et sous les pavés de la rue.

Une vigne, plantée dans des trous d'un pied cubique, conservera toujours sa grande végétation, parce que, comme la treille du village, ses racines ne seront pas tourmentées par celles du pied voisin.

La plantation *à trous* se pratique en plusieurs pays, entr'autre dans le Gers (Armagnac) où les mille trous se payent 8 francs; c'est la meilleure méthode, la plus prompte et la moins dispendieuse.

Plantation.

La vigne étant *un grand arbre*, doit être plantée comme un grand arbre, c'est-à-dire en conservant, comme pour les grands arbres, une grande distance : *au moins deux mètres au carré.*

Entre chaque rang, la distance peut être maintenue à *deux mètres* pour pouvoir la travailler avec des animaux. *Sur le rang*, les pieds peuvent être distancés de deux à trois mètres. Mais la meilleure méthode est *deux mètres vingt-cinq centimètres* au carré, de pied à pied.

La meilleure époque de la plantation est au moment où la sève va prendre son mouvement (mars ou avril). Vous conservez pour la dernière à tailler la partie de vignes où vous voulez prendre vos boutures, et la quinzaine qui suit vous les plantez. Sitôt coupées, il faut les couvrir entièrement de terre jusqu'au jour où vous voulez planter.

Vous prenez donc un sarment d'*un pied de long*, vous l'enfoncez *perpendiculairement* au milieu du trou à pied cubique, de façon que *le dernier bourgeon affleure le sol.* Ce bourgeon, vous le couvrez de *deux centimètres de terre meuble,* de sorte que, votre vigne plantée, on n'aperçoive aucun sarment. On pourra de loin en loin placer quelques broches pour marquer la ligne des rangs.[1]

La bouture doit toujours être plantée *perpendiculairement* et non pas couchée dans le fond, comme la plupart opèrent, parce que la sève monte toujours *avec plus de vigueur dans la perpendiculaire* que dans l'oblique. Elle ne doit jamais être enfoncée de plus d'un pied ($0^m 33$), parce que plus un plant, un pied d'arbre est enterré, plus il tarde à produire. Il ne commence à donner des fruits que lorsqu'il a fait ses racines à la profondeur que la nature, le sol et le climat lui ont dévolue.

La plus grande science de l'homme ne peut changer le degré de profondeur de ses racines, et la preuve la plus évidente, c'est que, chaque année, on retrouve de nouvelles racines à la place de celles, coupées l'année précédente par la charrue, la houe à main, ou la serpette que portent en certains pays dans leur poche les ouvriers qui bèchent le cavaillon de la vigne.

La nature a des lois immuables contre lesquelles viennent s'échouer et la science et l'ignorance des hommes. La nature, le sol et le climat ont imposé à chaque végétal une profondeur de racines qui lui est propre et de laquelle il

---

[1] La direction des lignes des rangs de vigne doit toujours être, autant que le champ le permet, *du nord au sud*, ou *de l'est à l'ouest*, parce que les vents de nord et d'est circulent d'un bout à l'autre des rangs plus facilement, et favorisent davantage l'aération et la végétation. *Jamais* la ligne des rangs ne doit être dirigée *vers le nord-ouest*, parce que le grillage, la coulure font plus de mal, et que le côté du rang qui regarde le nord ne mûrit pas comme l'autre.

ne peut se départir sans souffrance ou même sans périr. Comment se ferait donc l'oxygénation de l'air ? Voilà l'explication de la mort des racines trop profondes, quand la terre n'est pas perméable à l'air et à l'eau.

On ne doit jamais provigner ni recoucher, quand on veut remplacer un pied mort, parce que ces provins ou ces couches ne sont vigoureux et productifs que les premières années. Il vaut mieux remettre une bouture, ou un plant enraciné.

La plantation doit toujours se faire de boutures, de préférence aux plants enracinés.

Les plus fins cépages, c'est-à-dire ceux qui produisent le meilleur vin, doivent *seuls* être plantés. Ils produisent *toujours* et *beaucoup* avec cette plantation et cette taille rationnelles.

De tout temps on a reconnu : l'*influence de la variété du cépage sur la qualité du vin*. Les auteurs *anciens* et *modernes* mettent ce choix au premier rang des considérations qui doivent occuper le plus sérieusement ceux qui entreprennent la plantation de la vigne. Ce qui en prouve encore plus l'importance, c'est la dénomination de plusieurs vins renommés qui la tirent de celle des plants qui les ont produits ; tels sont les vins *muscats*, ceux de *grenache*, de Malvoisie, ceux qui sont faits en Bourgogne par le pineau. Il est parfaitement prouvé *que le cépage domine le cru.*

En quelque lieu que vous plantiez un *carbenet* du Médoc, un *pineau noir* de Bourgogne, un muscat, vous ferez toujours un bon vin. Plantez où vous voudrez un mauvais cépage, un gamay, vous ferez toujours un mauvais vin.

Au reste, dans *chaque pays*, on dit : Tel cépage fait du

mauvais vin, je n'en veux pas planter. On reconnaît donc partout que le *cépage domine le cru*.

Cépages *à raisins blancs* et cépages *à raisins rouges* doivent *tous* être plantés et taillés comme des grands arbres, parce que toute espèce de cépage a été faite par la nature grand arbre.

Dans mes cordons (j'en ai de dix à vingt hectares), tous les cépages à raisins blancs comme à raisins rouges ont une végétation luxuriante et une grande abondance de raisins.

Par cette plantation et par cette taille rationnelles la récolte moyenne est de cent vingt hectolitres à l'hectare. La nature ayant fait la vigne grand arbre, plus on se rapprochera de la nature par la culture, plus la vigne aura de force et de vigueur pour résister à toutes les maladies et à tous les insectes qui l'assaillent. Elle portera des fruits plus nombreux (4 à 5 fois plus en cordon, vigne grand arbre, que conduite contre nature, en arbre nain, dont le produit moyen est de 25 hectolitres); elle les mûrira plus facilement (puisqu'on lui rend la constitution que la nature lui a départie); le travail de l'épamprage sera presque nul, le pinçage et le rognage ne réclameront pas autant de soins, parce que la véritable assiette de la vigne s'établira tout naturellement, les deux appareils aérien et souterrain qui apportent la nourriture à la vigne, se formeront tout à leur aise dans le grand espace laissé entre chaque pied *au-dessus* et *au-dessous* du sol, ainsi que le veut sa constitution de grand arbre. La ramenant à cette constitution naturelle, on ne sera plus contraint, comme pour la vigne arbre nain, de lui fournir continuellement et *du fumier* et *des engrais de toute sorte* pour la faire vivre.

On lui rendra tout simplement ce que la nature lui a imposé : la grande arborescence, la grande fécondité et enfin cette grande longévité des grands arbres.

L'homme ne pourra jamais lutter avec Dieu, cette puissance créatrice de toute chose. Dans ces pays inhabités, où la nature revêt tant de formes si variées, où les arbres portent en même temps fleurs et fruits en abondance, où la majesté de la nature révèle si bien la majestueuse puissance de Dieu, l'homme peut-il se targuer d'avoir produit par son intelligence ces beautés si admirables, qui imposent aux sens du voyageur qui les traverse, une admiration telle qu'il est forcé d'avouer l'infime petitesse de l'homme devant la preuve de la haute intelligence de cette puissance divine qui commande à toutes choses ?

Taille.

Les principes de la taille reposent sur les conditions suivantes, qu'il faut avoir *toujours* présentes à l'esprit :

1° La vigne étant *un grand arbre*, il faut la tailler comme *un grand arbre*, c'est-à-dire se rapprocher de son *mode naturel* de végétation, pour avoir les *produits d'un grand arbre*.

2° La vigne ne végète comme aucun autre arbre à fruits, soit à pepins, soit à noyau. C'est le seul de nos arbres à fruits chez lequel le fruit et le bois qui le porte se forment en même temps et accomplissent ensemble, chaque année, le cours entier de leur végétation.

Dans la vigne, le *même bourgeon* est en même temps à bois et à fruit. Il n'y a de raisin que sur le bois de l'année ; au réveil de la végétation, la grappe et le sarment qui doit la porter poussent ensemble.

3° Plus il y a de bourgeons sur une branche, plus il y a de feuilles, et plus il y a de feuilles, plus il y a de sève attirée, parce que la feuille, comme une pompe aspirante, a la puissance d'attirer la sève à une grande hauteur.

4° La feuille *seule* est chargée, *sous l'influence de la lumière solaire, de l'assimilation des sucs* qui viennent soit des racines, soit des feuilles, et elle produit, *elle seule*, la *sève descendante*, qui est le véritable fluide nourricier du végétal.

5° L'*air et la pluie* fournissent 95 parties sur cent de la substance d'un végétal, tandisque le sol n'en donne que cinq; ce qui a fait dire que : *les plantes vivaient de l'air du temps.*

6° Les racines ne vivent que par la tige (qui supporte les feuilles); les racines sont toujours proportionnées aux branches de la tige, et en diminuant les sarments, on diminue les bourgeons et les feuilles; et, par suite, on diminue toutes les forces vitales de la vigne.

7° La vigne, plantée à 2, 3, 4 mètres (en tout sens), *au carré*, se trouve espacée comme le sont les grands arbres. Plantée à trous d'un pied cubique, sa racine rencontrant un sous-sol résistant (ce qui lui plaît) ne sera pas tourmentée par les racines du pied voisin et conservera longtemps sa luxuriante végétation. Espacée comme les grands arbres, elle pourra prendre en plus grande quantité *dans l'air* et *dans le sol* la nourriture indispensable au grand arbre. Ce sera donc lui donner : vigueur, fécondité et longévité, en lui laissant des *centaines de bourgeons*, comme on les laisse dans les treilles sur arbres, sur fil de fer, sur barres, ou contre maisons.

8° *Plus* il y a *de pieds* de vigne dans un hectare, *moins* il y a *de fruits*. Ainsi : l'hectare de vigne contenant cinq mille pieds donne en moyenne 25 hectolitres.

L'hectare à 1,660 pieds (système Lussandau, portant 1,000 bourgeons) donne 150 hectolitres.

Le système Cazenave, à 200 bourgeons, à 2,500 pieds donne 125 hectolitres.

Voilà la vraie vigne naturelle : treille ou cordon, méthodes appliquées dans certains pays de temps immémorial. On voit donc qu'*en lui laissant une grande quantité de bourgeons, on la fait vivre* et *vivre longtemps*, et que c'est une grossière erreur de dire : *Je ne veux pas charger ma vigne parce que je la tuerai.*

Non; la chimie, la physique et la botanique vous expliquent comment *tout végétal* vit, comment il peut vivre et comment vous pouvez le faire périr. Ouvrez donc les yeux, et ne les fermez pas toujours à la lumière. Cela nous conduit à poser les deux questions suivantes :

Quelle est la vraie culture de la vigne, lui donnant fécondité, vigueur et longévité ??

C'est la vigne *grand arbre*, dont les pieds sont espacés comme ceux des grands arbres.

Quelle est la meilleure taille ??

C'est celle qui *se rapproche le plus* du mode de végéter que lui a assigné la nature.

C'est la treille ou cordon.

Mais le *cordon unilatéral*, c'est-à-dire *d'un seul côté ;* et non pas le cordon double, c'est-à-dire un à droite et un à gauche ; ou encore le cordon quadruple et superposé.

Le *cordon unilatéral* est le meilleur système, parce que la sève, comme un ruisseau. n'a qu'un seul lit, un seul cours. Tandis que, dans le cordon double ou quadruple, la sève peut se porter plus sur un cordon que sur l'autre, suivant la vigoureuse végétation de l'un ou de l'autre, et il est alors impossible de bien conduire la sève et de la répartir également; elle a des canaux qu'elle suit, comme le fleuve son lit.

Un bras coupé sur un cep de vigne, soit par l'orage, soit par la maladresse ou l'ignorance de l'homme, n'apporte pas de changement dans la végétation des autres bras. Aussi, quand on dit naïvement : je vais décharger ma vigne de la branche à fruit, pour que le pied pousse davantage l'année prochaine, on commet une erreur grave.

Est-ce que *chaque année* vous ne trouvez pas sur des pieds de vigne des *bras morts* que vous sciez ? Cependant le reste du cep de vigne n'est pas mort; c'est que tout simplement les *canaux de ce bras* se sont fermés, se sont paralysés. Voici un autre exemple : Un pied de vigne, planté au pied d'un mur, d'une serre ou d'une maison, cette treille ayant deux bras, si pendant l'hiver on fait pénétrer un des bras *dans l'intérieur de la serre* ou de la maison, *ce bras végétera*, tandis que celui qui sera laissé en dehors restera complétement inerte. Pourquoi? Parce que celui qui sera *dedans* aura : air, lumière et *chaleur ;* et celui qui sera laissé *dehors* aura seulement : air, lumière et *froid*, et conservera par conséquent l'inertie inhérente aux végétaux pendant l'hiver.

Il ressort de là évidemment que *deux bras* d'un même pied, l'un végétant et l'autre ne végétant pas, chaque bras a ses canaux particuliers, puisque la sève monte à celui qui a : air, lumière et chaleur, et l'autre ne reçoit aucune part de la sève qui monte à l'autre bras.

Le cordon unilatéral est encore le meilleur système, parce que les raisins étant placés en espalier, en éventail, seront exposés aux trois agents qui leur sont indispensables : l'air, la lumière et la chaleur ; parce qu'ils s'acclimateront aux divers degrés de chaleur de mai, juin, puis à la chaleur plus forte de juillet, ensuite d'août ; avec cette chaleur progressive, ils ne grilleront pas, et les fleurs couleront bien moins.

La vigne plantée *en mars*, dans un trou d'un pied cubique, produit un ou deux sarments de 0m 40 à 0m 50 environ la première année.

Le *mois de mars suivant*, sur le sarment le plus fort, on la taille à trois bourgeons les plus près de terre. Puis on place un *échalas* pour attacher les deux ou trois sarments au fur et à mesure qu'ils poussent. On attache deux ou trois fois pour aider les sarments à arriver à la longueur de 2 à 3 mètres, de façon à obtenir à l'automne la longueur indispensable au cordon.

L'année suivante, *en mars* (qui est le commencement de la 3e année), le moment est venu de mettre la vigne *en cordon*.

Pour faire les cordons on s'y prend ainsi (voir *Fig. II*) :

Échalas : on plante un échalas au pied de chaque cep de vigne et bien alignés.

Poteaux : à chaque extrémité de rang on fait un trou en biais à 0m30 du premier pied de vigne, de façon que le poteau soit incliné à 0m45 degrés du côté opposé au rang de vigne, c'est-à-dire penché vers les allées.

Culées : on nomme culée une pierre plutôt *longue* que grosse, enroulée d'un fil de fer *galvanisé*, à cause de l'oxydation qui se ferait sous le sol. La culée doit être placée au fond d'un trou, fait en biais vers le pied du poteau, de manière que le fil ressorte de 0m20, et à 0m60 du pied du poteau. On place la culée au fond de ce trou, en tassant la terre dessus jusqu'au niveau du sol. Le fil de la culée doit avoir un œillet à son extrémité hors de terre, pour y attacher les fils.

Fil de fer : le fil de fer noir numéro 16 doit être employé pour les cordons. On les place : le premier, à 0m60 du sol, le second, à 0m60 plus haut, et le troisième, si on en met, à 0m50 au-dessus du second. Pour placer les fils voici comment on fait : Deux ouvriers prennent chacun un rouleau de fils et se rendent ensuite chacun à une extrémité ; là chacun enfile son bout de fil dans l'œillet du fil de la culée, et le tord sur 0m10 environ, puis l'accroche à l'entaille ou au trou fait au poteau à 1m20 de hauteur (celui d'en bas est le dernier que l'on place), et en marchant l'étend sur le sol jusqu'à ce qu'il se rencontre avec l'ouvrier qui est parti de l'autre bout. Là, avec le *raidisseur Cazenave,* on prend les deux fils et on tire la corde qui fait rapprocher les deux mouffles du raidisseur. On a d'abord fait un œillet à l'un des fils, et les bouts rapprochés, on passe le bout du fil dans l'œillet de l'autre, et on tord les deux ensemble. On défait les mouffles et on recommence sur un autre fil d'un autre étage, ainsi de suite. Le premier fil d'en bas sert à attacher le cordon qui deviendra le cep de vigne, le second fil est pour attacher les branches à fruits, le troisième pour accoler ou lier les pampres des branches à bois et des branches à fruits.

Pointes : sur chaque échalas planté, on enfonce des pointes aux trois hauteurs où l'on doit placer les fils de fer. Dès que les fils sont tendus, on place chaque fil sur la pointe enfoncée à moitié et on replie la tête de la pointe en crochet. Il faut acheter les pointes chez le marchand de fer qui fournit les fils, parce que ces pointes sont faites exprès pour la vigne, en fer doux qui plie facilement.

Raidisseur : il faut acheter le *raidisseur Cazenave* (qu'il ne faut pas confondre avec les tendeurs qui restent à demeure et provoquent plus de dépenses), tandis que le *raidisseur Cazenave* sert pour mille rangs. Ce sont deux mouffles réunis.

Tout étant prêt, vous profitez de la sève qui circule pour faire votre pliage de cordon. Pendant la sève les sarments cassent peu.

Vous prenez le plus joli sarment (voir *Fig. Ire*), et le plus long ; vous le pliez en arc du pied au fil de fer, de façon à former (voir *Fig. II*) une *courbe gracieuse*, afin d'éviter d'étrangler la vigne au coude.[1] Arrivé au fil, vous attachez le sarment avec un seul tour d'osier L, sans le serrer, et de 30 en 30 centimètres, vous placez un lien d'osier jusqu'à ce que le sarment arrive à l'autre pied; là, en D, vous coupez le sarment, votre cep de vigne est formé. Depuis le sol jusqu'au premier bourgeon, bien assis sur la ligne horizontale à environ 0^m30 à 0^m35 de l'échalas ; je répète : il faut que pas un bourgeon ne reste depuis le sol C jusqu'au premier bourgeon O placé à 30 ou 35 centimètres de l'échalas ; de C en O, ils doivent tous être enlevés avec le sécateur et n'en jamais laisser repousser. Il faut que toute la courbe soit

[1] Si la vigne est plantée *sur une pente*, il *faut diriger* le bout du sarment, que l'on va plier en cordon, *vers la cime du coteau;* il ne faut jamais le plier vers le bas de la pente, parce que la sève se porte toujours vers le point le plus élevé, et l'extrémité du cordon ne recevrait pas autant de sève. Si le terrain est plainier, on dirige le bout du sarment du côté opposé aux vents d'ouest.

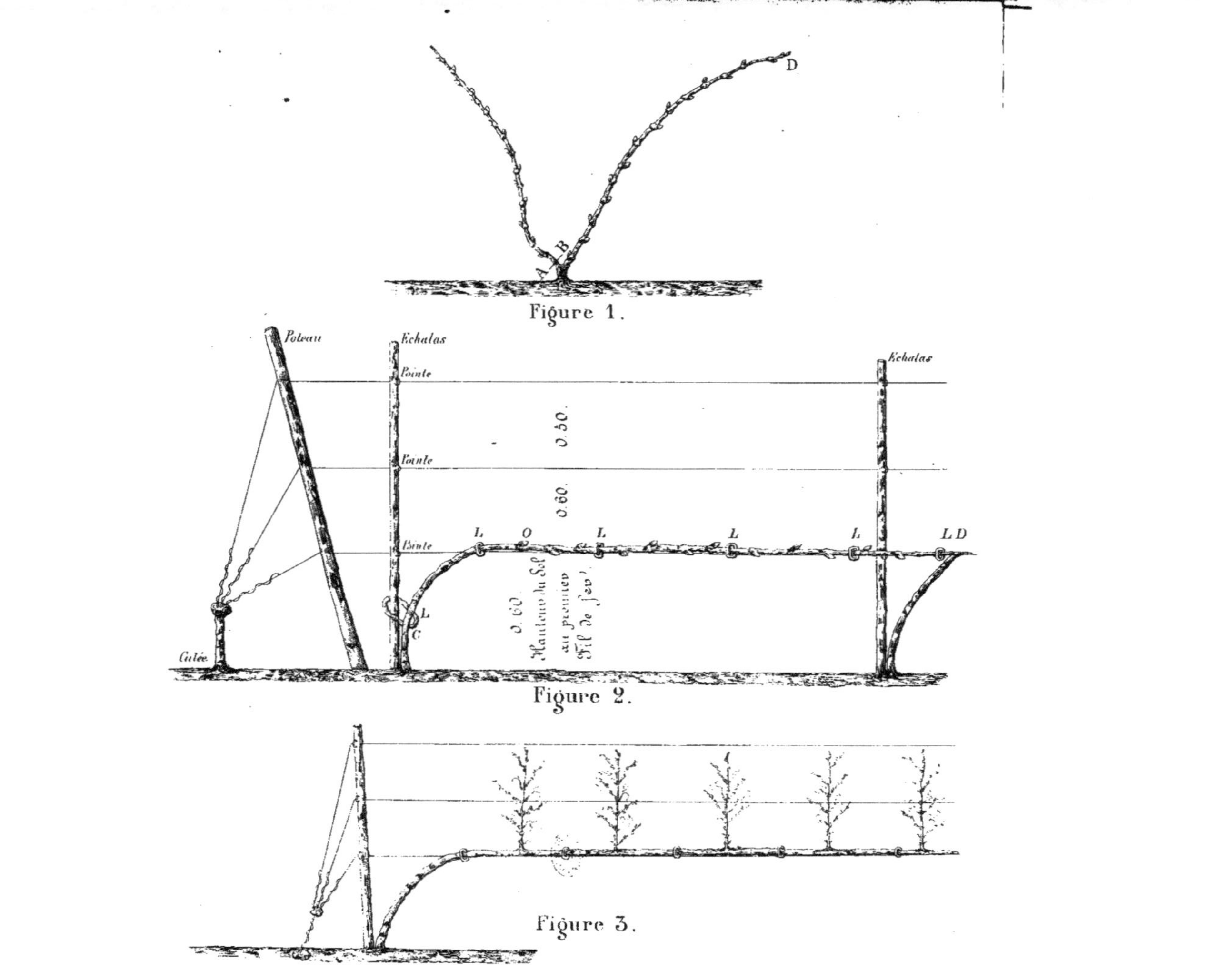
A
B
D
Figure 1.
Poteau
Echalas
Pointe
Pointe
Pointe
0.50.
0.60.
L
O
L
L
L
L D
L
C
Culée
0.60
Hauteur du Sol
au premier
Fil de fer.
Echalas
Figure 2.
Figure 3.

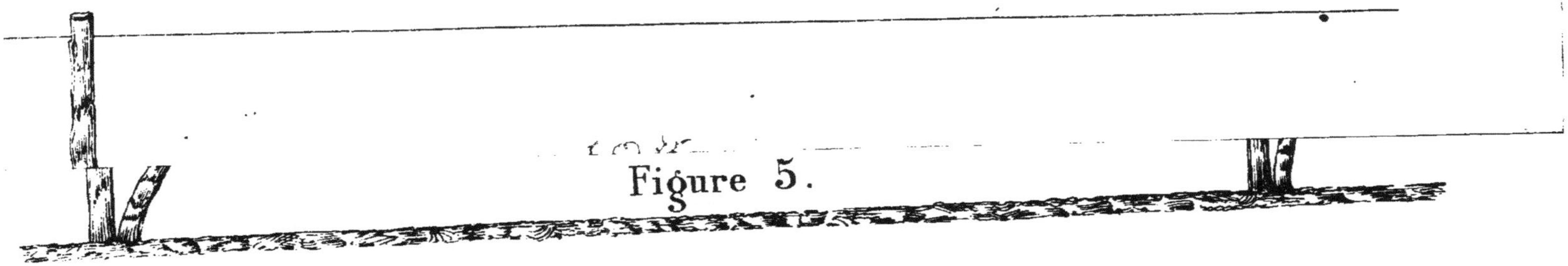

Figure 5.

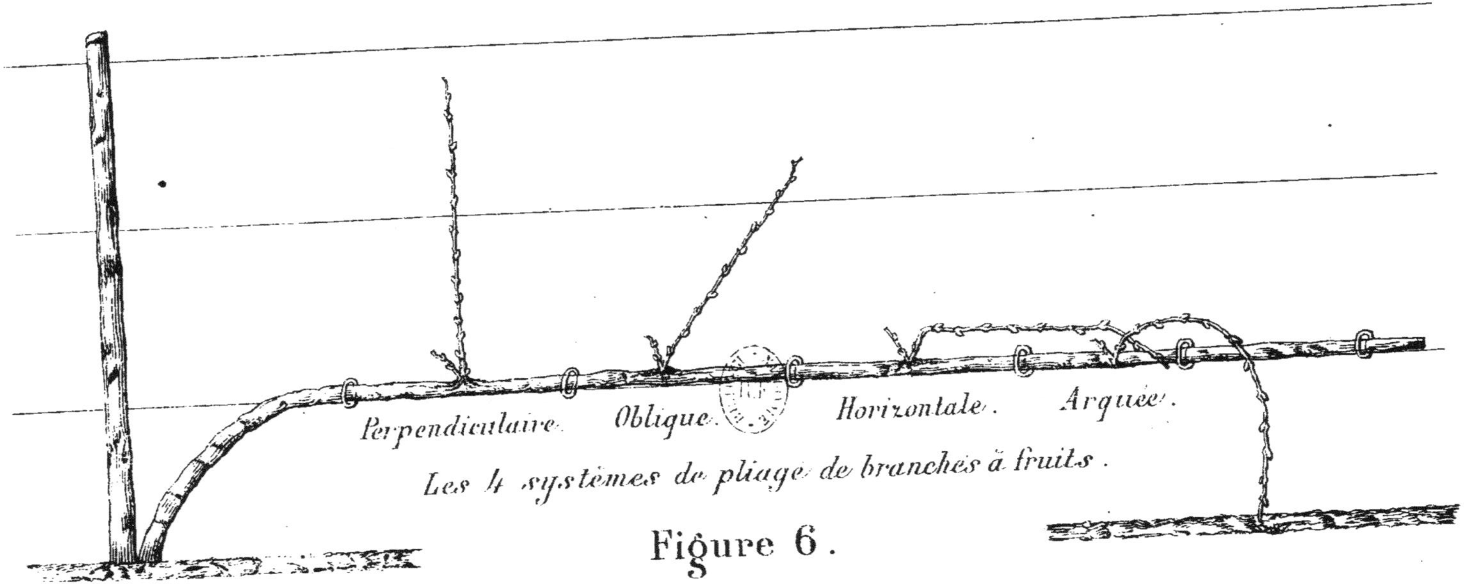

Perpendiculaire. Oblique. Horizontale. Arquée.

Les 4 systèmes de pliage de branches à fruits.

Figure 6.

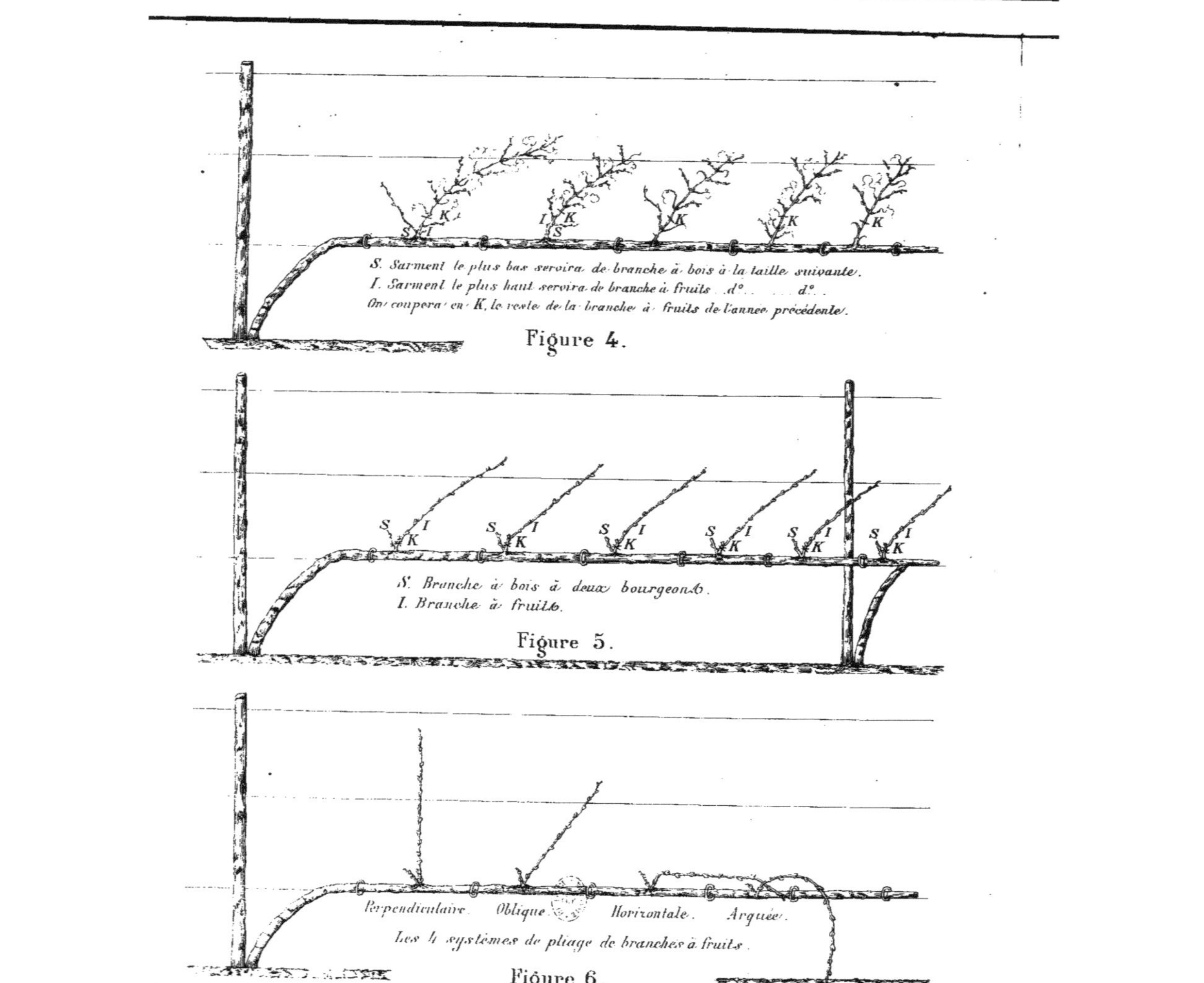

Figure 4.

Figure 5.

Figure 6.

complétement nue, parce que la sève s'y maintiendrait en trop grande quantité au détriment du reste du cordon. Le cordon plié, on coupe au ras en B les autres sarments du pied, que l'on laissait dans le cas où le premier casserait.

Cette première année, il ne faut ni pincer, ni épamprer, ni rogner. Il faut laisser tout pousser, pour produire beaucoup de racines (parce que la partie souterraine se développe en proportion de la partie aérienne, botanique).

A la taille sèche du mois de mars (*Fig. III*) de l'année suivante, à partir du premier sarment (O) on en laisse UN *tous les 33 centimètres* à la *surface supérieure du cordon*, et on jette bas tous les autres. Il faut, autant que faire se peut, conserver la *même distance* entre chaque sarment. Il doit y en avoir *trois par mètre courant*, ce qui fait *six* sur chaque cordon de deux mètres, dans la plantation à deux mètres au carré. Tous ces *six sarments* par pied de vigne s'appellent alors branches à fruits, sont taillés à 0,50 cent. de longueur et portent chacun en moyenne dix bourgeons. Quand toute la vigne est ainsi taillée, la sève courant en abondance, le sarment est moins cassant, on plie ces branches à fruits et on les attache, après les avoir nettoyées des petites brindilles, avec un petit osier au fil de fer (*Fig. IV*).[1]

J'ai appliqué quatre systèmes de pliage dans mes cordons, pour me rendre compte par moi-même du meilleur et du plus simple.

Ces 4 systèmes sont : (*Fig. VI.*)

---

[1] On doit toujours plier les branches à fruits dans le sens où court la sève, c'est-à-dire vers l'extrémité du cordon (*Fig. V et VI*).

1° La perpendiculaire allant du cordon au zénith.

2° L'oblique.

3° L'horizontale.

4° L'arcure vers le sol.

Par le pinçage et rognage des branches à fruits des deux premiers pliages, on fait sortir parfaitement les bourgeons d'en bas, et on a encore les bourgeons à l'état latent de la couronne ou collet.

Les deux derniers pliages donnent plus de simplicité dans le travail et plus d'économie, puisqu'ils permettent de supprimer le fil de fer le plus élevé; et surtout aussi les bourgeons inférieurs sortent plus facilement et rendent la taille de l'année suivante plus facile.

Au mois de mars de l'année suivante (4e année d'âge et 2e de cordon), *la taille prend son assiette définitive et restera* (*Fig. V*) *la même* tant que le cep de vigne vivra. La taille sera désormais celle-ci : (*Fig. V.*)

Chaque mètre courant portera *au pied de chaque branche à fruit* de l'année précédente :

1° Une branche à bois à *deux bourgeons* (O).

2° Une branche à fruits de dix bourgeons (V).

On coupera la branche à fruits de l'année précédente en (K). Il restera par conséquent deux sarments, *le plus élevé* (I) servira *de branche à fruits*, et *le plus bas* (S) servira de *branche à bois*.

Donc, chaque 33 centimètres, il y aura *accouplés ensemble* une branche à bois et une branche à fruits I (*Fig. V*).

La *branche à bois* S, portant *deux bourgeons* seulement, est destinée à produire chaque année deux sarments qui doivent servir : *le plus bas* de branche à bois, le plus élevé de branche à fruits, à la taille du mois de mars suivant; c'est leur seule destination.

La branche à fruits, portant *dix bourgeons au moins*, est laissée pour produire la récolte, et jetée bas à la taille suivante, en K.

Ainsi donc, chaque pied de vigne doit porter sur son cordon, chaque 0^m 33 : *une* branche à bois et *une* branche à fruits *accouplées*, et le cordon du pied de vigne, ayant 2^m de longueur, portera *six* branches à bois et *six* branches à fruits.

A partir de ce moment *la taille sera invariable*, ce sera toujours la même chaque année jusqu'à la mort du cep de vigne.

On voit que cette *méthode Cazenave* est tellement simple, qu'appliquée à tout cépage blanc ou rouge, sans exception, elle est à la portée de toute intelligence, même d'un enfant de quinze ans. Pourquoi ? Parce que cette taille a ses règles bien définies et que l'on peut l'expliquer aux enfants de l'école primaire, tandis que les autres tailles n'ont aucune règle et qu'il est, par suite, impossible de les faire comprendre, puisqu'on n'a pas de base et qu'on s'éloigne de la nature.

Le propriétaire et le vigneron qui abandonneront leur routine et leurs préjugés, après avoir bien étudié et compris ce petit ouvrage qui repose absolument sur les sciences : chimie, physique et botanique, et qui, se mettant hardiment à l'œuvre, adopteront courageusement ce système, le seul véritable pour la culture de la vigne, verront leurs produits quadrupler et obtiendront et qualité et quantité.

Cette méthode étant basée sur les *principes de la science* et sur une *longue pratique*, doit être appliquée dans tout pays où l'on cultive la vigne, soit à vin, soit à raisin de table, soit au nord, soit au midi, soit à cépages rouges, soit à cépages blancs, et *peu importe l'âge de la vigne.*

Vous verrez *une vieille vigne,* tenue pendant nombreuses années à taille courte, reprendre une vigueur extraordinaire dès la deuxième ou troisième année de cordon.

Cette culture, *en grand arbre et en espalier,* donne à la vigne : soleil, lumière et air, les trois agents que *la chimie, la physique et la botanique* prouvent qu'il *lui faut absolument* : l'air pour fournir l'acide carbonique aux feuilles, la lumière pour le décomposer afin de garder le charbon, la chaleur pour donner plus de sucre aux fruits.

L'*effeuillage* pratiqué est une preuve évidente de l'ignorance absolue de la botanique et de la chimie, de la physiologie de la vigne et surtout du rôle de la feuille dans la nourriture du végétal. Si les feuilles que le vigneron sort sont enlevées de sur les sarments qui doivent servir de porte-fruits à la taille suivante, les bourgeons qui sont à l'aisselle de ces feuilles ne seront plus ce que l'on appelle : *bien aoûtés*. On dira à la pousse de l'année suivante : les bourgeons sont sortis sans raisins.

Si donc vous effeuillez, comment la sève sera-t-elle élaborée, assimilée, puisque la feuille *seule* est chargée de cette fonction? Ne vous en étonnez plus, puisque, aux souffrances provenant des intempéries, des insectes, vous joignez encore l'effeuillage.

Le *pinçage* ou *pincement* se pratique quand les pampres, qui sortent des branches à fruits, ont environ de 15 à 20 centimètres de façon qu'il soit fini deux ou trois jours avant la floraison. On enlève avec le pouce et l'index, au bout des pampres, l'extrémité d'*un* cent environ. *Il ne faut pas pincer* les *deux pampres des branches à bois*. Le but du pincement est d'arrêter l'expansion inutile des rameaux et de concentrer la sève qui se serait égarée dans des longueurs inutiles, et cette sève se trouve réservée pour les fruits et le bois restant. Le pincement évite aussi en partie la coulure des fleurs.

Le *rognage* a pour but d'arrêter la végétation folle des sarments. Le rognage se fait à la fin de juillet, avant la sève d'août. Il se pratique sur tous les sarments de la vigne qui sont arrivés à un mètre vingt environ de longueur, afin de refouler la sève et de bien faire mûrir (aoûter) les fruits et les bois pour la taille suivante, et pour mieux aussi laisser pénétrer l'air, la lumière et la chaleur, les trois agents toujours indispensables.

L'*épamprage* doit se faire lorsque les pampres ont atteint une longueur environ de 0m 50. Le travail de l'épamprage consiste à enlever tous les gourmands et pampres inutiles à la taille suivante. Souvent deux bourgeons jumeaux sortent ensemble ; qu'ils aient ou non des raisins, il faut toujours en supprimer un.

Le *liage* ou *accolage* doit toujours se pratiquer pour éviter que les coups de vent ne cassent les pampres, et puis encore pour donner à la vigne cette vigueur qu'elle ne trouve que lorsqu'on donne à ses sarments la perpendiculaire avec un point d'appui. La vigne étant un *arbuste grimpant*, la nature lui a donné pour ainsi dire des *mains*, que l'on nomme vrilles et qui sont des mannes avortées. C'est avec ces vrilles qu'elle se cramponne et qu'elle trouve cette exubérance de végétation qui lui permet d'atteindre la cime de nos grands arbres.

La vigne a à lutter contre beaucoup d'insectes, mais il en

est trois plus dangereux ; ce sont : l'*Eumolpe,* assez semblable à un hanneton, mais très petit. Il ronge les feuilles, coupe les grappes et les bourgeons, et sa larve même infeste le raisin mûrissant.

La *Pyrale* est une petite chenille qui dévore toutes les parties vertes de la vigne dans le mois de mai ; elle groupe et relie en cornet les feuilles, les bourgeons et les fruits.

Le *Phylloxera vastatrix* est le plus redoutable de tous les insectes de la vigne. C'est un insecte petit comme une puce, qui s'attaque aux racines de la vigne avec le suçoir dont il est armé, arrête et absorbe tous les sucs nécessaires au végétal. La femelle a des ailes et produit de 25 à 30 œufs ; au bout de quelques jours ces 30 petits en produisent 30 autres chacun, de façon que de mars à novembre une femelle a produit par elle ou par ses petits 25 milliards d'œufs. Tout cep de vigne attaqué par le phylloxera est mort l'année suivante. Il n'y a pas encore de remède trouvé.

L'oïdium est cette moisissure qui paraît par petites plaques sur les sarments verts, les feuilles et les verjus ; elle est formée des racines, des tiges et des graines d'un petit champignon. Le seul remède contre l'oïdium est le soufre.

Mais le soufre n'agit efficacement qu'à l'état de gaz et lorsqu'il pénètre jusqu'aux points les plus cachés des surfaces oïdiées. Le soufre se gazéifie à partir de 16 degrés centigrades, mais quand on peut soufrer par une chaleur solaire de 20 degrés, cela vaut mieux, parce qu'à ce degré le soufre développe une *odeur* plus forte.

C'est l'*odeur seule* du soufre qui détruit l'oïdium. Ce qui prouve que le temps le plus convenable au soufrage est *un temps chaud et sec.* Le soufre sublimé pur a été reconnu le meilleur.

Quant au commencement des soufrages, ils doivent généralement être appliqués quand on a vu quelques pieds atteints et que la chaleur le permet, du 20 mai au 10 juin pour le premier, et pour le second du 20 juin au 10 juillet.

Culture de la Vigne.

La culture de la vigne doit toujours se faire *à plat* et très légèrement; *six centimètres* au plus de profondeur. C'est une faute insigne de déchausser et rechausser les vignes.

En effet, à quelle époque déchausse-t-on les vignes ? En mars et en avril, c'est-à-dire à l'époque où le temps est le plus variable. Souvent le matin il gèle, l'après-midi il fait une forte chaleur; le lendemain, c'est un brouillard épais, ou bien la pluie tombe pendant plusieurs jours ; le temps se remet de nouveau au froid, puis forte chaleur le soir, et ainsi de suite pendant ces deux mois; de sorte que les vignes déchaussées, leurs racines étant en partie découvertes, subissent les influences de ces variations de temps. On est ensuite étonné que la vigne ait une pousse rachitique et que les fleurs coulent après de pareilles souffrances. Aussi les vignes ne reprennent une certaine vigueur que huit jours environ après qu'elles ont été rechaussées. Tandis que la vigne, *cultivée à plat en mai seulement,* a ses racines ou *partie souterraine* toujours abritées sous le sol contre les variations atmosphériques et à la profondeur que la nature lui a imposée.

Il est évident que tous les terrains, auxquels on demande des récoltes, doivent être ouverts à l'action fertilisante des agents atmosphériques, et qu'on doit employer tous les moyens possibles pour empêcher le développement des plantes parasites.

Dans tous les climats tempérés, la vigne ne demande que des labours superficiels, des *sarclages souvent répétés.*

Le premier sarclage ne doit pas être commencé avant le 1er mai. La terre, bien tassée par les vendangeurs et par les pluies de l'hiver, ne laisse pas arriver jusqu'aux racines cette surabondance d'humidité, provenant des pluies de printemps, de mars et avril. Les gelées blanches, ces gelées tardives d'avril, frappent de préférence les vignes dont la terre a été nouvellement remuée, tandis que celles dont le sol est resté ferme et solide en sont pour ainsi dire exemptes. Les jardiniers ne l'ignorent pas.

Il est reconnu que les ceps qui avaient de fortes et grosses racines pivotantes et traçantes, mais peu de petites racines et presque pas de chevelu, c'est-à-dire un chevelu rare et disséminé, avaient une végétation luxuriante, donnaient par conséquent beaucoup de bois, mais peu ou point de fruits.

Tandis que les ceps qui avaient *peu* de grosses racines pivotantes, *beaucoup* de petites racines traçantes et un chevelu abondant, non seulement à une certaine profondeur, mais encore un *premier groupe de ce chevelu placé de 8 à 12 centimètres de la surface du sol,* donnaient un peu moins de bois, mais beaucoup de raisins.

Si on respecte ce premier groupe de chevelu, que l'on peut appeler *chevelu supérieur,* la *coulure* est bien moins à craindre, et la quantité et la beauté des raisins ne laissent rien à désirer.

Il ne faut pas confondre *avec ce chevelu supérieur* les quelques radicelles qui se développent à la surface même du sol et qui sont ordinairement détruites par les froids de l'hiver et les chaleurs de l'été. Au reste, ainsi qu'il a été dit au chapitre de la racine, il faut tenir compte du climat et du sol.

Quel est le *meilleur instrument* pour faire le *meilleur travail à plat* des vignes ? C'est le Cultivateur (système Coleman), avec roues de derrière placées en dedans des socs. Avec cet instrument, tiré par des animaux, on peut travailler deux hectares par jour.

On doit passer, de mai à décembre, au moins quatre fois le Cultivateur, et mieux *une fois chaque mois, à la profondeur maximum de 4 à 6 centimètres.*

C'est une grande erreur de croire qu'il faut travailler les vignes profondément ; c'est une grande faute de déchausser et rechausser. En effet, est-il un arbre, une plante, dont on expose les racines au soleil, à la pluie, à la gelée ? La nature a voulu que la vigne eût ses racines abritées, comme les autres végétaux, et à telle profondeur.

L'homme a beau faire, il ne changera rien, il ne réussira qu'à faire souffrir la vigne, et par suite il n'aura que des déceptions continuelles dans les produits : son travail peu intelligent aura dépassé le but.

Vendanges.

Doit-on vendanger sur le vert ou complétement mûr ? Je vendange les raisins rouges de mes cordons complétement mûrs, et mes raisins blancs, sur cordons aussi, complétement pourris ; parce que la complète maturité donne toujours plus de sucre et par suite plus d'alcool.

Sitôt le raisin ramassé, on le porte au chai, où on le foule *immédiatement* en le faisant passer entre les deux cylindres d'un fouloir ; une fois foulé, on le jette dans la cuve.

La cuve ne devrait jamais être plus grande que 25 barriques (50 hectolitres), afin de la remplir en très peu de temps (un ou deux jours), pour éviter de troubler continuellement la fermentation commencée des premiers raisins jetés dans la cuve. La cuve en bois est la meilleure, parce que le bois est moins froid que la pierre.

Pourquoi doit-on fouler ?

On *foule,* on *écrase* les raisins pour exposer momentanément *le suc du raisin à l'action de l'air,* sans quoi il ne pourrait entrer en fermentation.

La *fermentation* a, pour condition expresse de sa réalisation, la *réunion simultanée de l'air, de l'eau et de la chaleur.*

Si une de ces conditions manque, le phénomène de la fermentation est entravé, parfois même il manque totalement.

Les fabrications du vin, du pain, du cidre et de la bière, se rattachent toutes à ce qu'on nomme la fermentation.

Certains corps ont la propriété d'exciter, en se décomposant, la décomposition d'autres corps avec lesquels ils se trouvent mêlés. On nomme fermentation, l'ensemble des changements que produit cette double décomposition. C'est ce qui se passe dans le moût de raisin qu'on laisse au *contact de l'air,* dans le cidre sortant du pressoir, dans la pâte que l'on fait lever, dans la bière enfin.

La fermentation n'est pas toujours la même quant à ses causes et à ses résultats. Ainsi l'air seul peut faire fermenter le moût de raisins et il en résulte de l'eau-de-vie alcool).

Le moût de bière, au contraire, et la pâte de froment ne fermentent, c'est-à-dire ne deviennent bière ou pain, que si on y ajoute un peu de levure.

L'alcool produit par la fermentation du moût du raisin peut, à son tour, fermenter et se transformer en vinaigre (acide acétique).

Ainsi donc pour la fermentation il faut : *l'air, l'eau, la chaleur réunis*. Il faut fouler pour exposer momentanément le *suc du raisin à l'action de l'air*, sans quoi il ne pourrait entrer en fermentation.

Le raisin foulé et encuvé ne tarde pas à fermenter. La décomposition ou combustion ayant commencé, l'acide carbonique se dégage et en s'échappant soulève les matières qui s'accumulent à la surface du liquide et forment ce que l'on nomme le chapeau. C'est cet acide carbonique qui asphyxie le vigneron assez imprudent pour descendre dans la cuve en fermentation.

Il était indispensable de s'arrêter un instant sur les phénomènes de la fermentation pour la bien faire comprendre, attendu qu'en général on n'en sait pas le premier mot.

Il y a trois espèces de vins : le vin rosé, le vin noir, le vin blanc.

Le vin rosé est celui qu'on laisse deux jours en cuve.

Le vin noir ou rouge, que l'on laisse macérer en cuve au moins six jours, jusqu'à un et deux mois.

Le vin blanc, que l'on met directement du pressoir dans les barriques.

Le vin rosé est plus fin et plus délicat parce qu'on le laisse peu avec son marc.

Le vin noir ne doit jamais rester plus de six à huit jours

dans la cuve, en comptant du jour où l'on a jeté le premier panier de raisins dans la tonne. Sitôt que la grosse fermentation est passée, on ne doit pas attendre au-delà pour décuver; le vin a plus de finesse. On doit toujours décuver *trouble, chaud* et *doux ;* le vin prend naturellement sa couleur noire dans la barrique.

Dès que l'on a fini de décuver, on se hâte de porter le marc de raisins sous le pressoir, on le presse deux à trois fois. Au fur et à mesure que le vin coule (épais à couper au couteau), on le repartit également sur chaque barrique, de façon à rendre toute la cuvée homogène.

Le vin de presse doit être mêlé dans chaque barrique au vin décuvé, parce qu'il contient plus de sucre, plus de couleur, plus de tannin, et plus de sels nécessaires au complément de qualité du vin. C'est là la méthode des grands crûs de France.

Depuis longtemps je décuve mes vins de cinq à huit jours, *doux, troubles et chauds,* sans jamais les laisser goutter. Quand je décuve, mon vin est rouge, sang de bœuf; dans les barriques il devient excessivement noir, suivant l'année. Je le fais soutirer en décembre, et le mets sur bonde.

Il faut avoir un chai hermétiquement fermé, sans le moindre petit trou à la porte ou contrevent, pour que la température du chai reste toujours la même, été comme hiver. Sa température doit toujours être de 10 à 12 degrés.

On soutire les vins deux fois par an, et au bout de deux ou trois ans, on les fouette avec six blancs d'œufs par barrique et on met en bouteille.

AGEN, IMPRIMERIE DE PROSPER NOUBEL.

www.ingramcontent.com/pod-product-compliance
Ingram Content Group UK Ltd.
Pitfield, Milton Keynes, MK11 3LW, UK
UKHW021643260726
13994UKWH00003B/1244